——原水文化——

您的健康，原水把關

—原水文化—
您的健康，原水把關

科學實證益生菌
對8大病症的保健功效

潘子明
益生菌健康
研究室

臺大益生菌之父
臺灣大學農業化學所博士
生化科技學系名譽教授

潘子明 —— 著

PART
1

攸關健康：
全世界都重視的益生菌
——正確認識益生菌及其保健與醫藥應用趨勢

【正確認識益生菌及其製作歷史】

PART
2

科學實證：
益生菌健康研究室
——益生菌對於 8 大病症的保健研究重點

APPENDIX

附錄

專文推薦 1

潘教授畢生研究精華
值得品閱

文／廖啓成
財團法人食品工業發展研究所所長

　　潘子明教授在臺灣益生菌科技研究及益生菌產業的發展上均佔有一席之地，其成就不可磨滅。潘教授在益生菌科技的研究範圍已經從傳統的腸道健康及免疫調節功能，進展到代謝症候群預防醫學、神經精神改善、蛀牙預防、牙周病保健、緩解骨質疏鬆、直腸癌化療副作用緩解等領域，這些系列性的研究，開發出知名的 NTU 101 菌種，將臺灣益生菌的研究層次不斷的提升；更難得的是跳脫了傳統的技術移轉模式，將菌種、生產技術、保健及預防醫學等多項領域與深入的學術研究成果串聯在一起，將深層次的基礎研究導入目標導向的應用研發，建立了「成功的產學轉譯模式」，亦更進一步地將行銷推廣推展至極致的境界。

　　臺灣乳酸菌產業從 1960 年代稀釋發酵乳進入市場開始，1990 年代本土益生菌科技研究開始活絡起來，1999 年政府實施健康食品管理制度，加速益生菌新產品的開發，2003 年在蔡英傑教授、潘子明教授及本人等多位乳酸菌同好共同籌劃成立臺灣乳酸菌協會，積極向社會大眾推廣乳酸菌／益生菌，也促進國內產學研單位積極投入乳酸菌／益生菌的相關研究及產品開發，目

前益生菌研究的年輕學者已逐步增多（許多來自潘教授研究室的培育），有優異創新的研發能量，產學合作亦蓬勃發展，可預見未來將不斷地擴展創新的力量與商機。

　　潘教授此次推出的專書《潘子明益生菌健康研究室》，內容包含了兩大主軸，第一部分帶領讀者正確認識益生菌，破解常見的 15 個益生菌迷思，同時介紹益生菌的發展歷史、保健功效、醫療應用及其發展趨勢；第二部分則介紹了潘教授 20 餘年來在益生菌的研究成果，歸類成八大病症的保健研究，這些成果已經對外發表成 58 篇研究論文，潘教授將這些深入的學術成果以淺顯易懂的文筆介紹給讀者，最後在附錄中介紹了益生菌在流感、新冠肺炎及長新冠的輔助療法研究，同時也介紹了胞外泌體在精準醫療與再生醫療可扮演的關鍵角色，這些都是益生菌最新的研究進展與應用範圍，潘教授以推展整體益生菌研究發展的精神，無私地介紹給大家。社會大眾有福了，可以從此本專書了解正確的益生菌知識與最新的研究進展，在此極力推薦此本好書。

專文推薦 2

科學結合商業 造福大眾

文／蔡文城

國立陽明交通大學講座教授

《健康食品的開發與實務》作者

　　生物科技最吸引從事者之處為「科學」＋「商業」，然而在此兩方面能有成就者可謂鳳毛麟角，國際紅麴教父、臺灣大學潘子明名譽教授是此領域的佼佼者，欣聞潘教授將出版益生菌主題新書，樂為推薦。

　　在臺灣，從事益生菌研究的專家以及益生菌產品製造的廠家甚多，然而能夠完成功能性評估的頂尖研究，並將研究的成果成功地技轉給業者進行益生菌產品製造、行銷，造福消費大眾，唯有潘教授。

　　個人認識潘教授至少 45 年，早期潘教授從事文化大學與國立陽明醫學院的教學工作，是一位令人佩服的優良教授。隨後轉任早期之衛生署疾病管制局，擔任一級主管的領導工作，從事退伍軍人菌的研究，短短數年之間，使默默無聞的單位變成為人民健康把關的熱門機構，其擔任任何工作都是積極投入，此種專注的精神，令人欽佩。由於在任職的工作表現優異，被母校臺灣大學農化系延攬，從事教學與學術研究，在 20 年間完成紅麴 141

篇、益生菌 58 篇的 SCI 研究著作，名揚國際，除了紅麴研究的成就外，在益生菌相關的研究成果也不遑多讓，並且帶動了國內外益生菌研究與應用的風潮。

潘教授這本新書係綜合本身研究所獲得的成果、心得與國際應用現況，以平實、易懂之淺顯文字表達，即使非生技專業的普羅大眾也能輕易了解內容。本書內容首先破解一般人對益生菌產品的各種迷思與誤解，然後以輕鬆的內容介紹益生菌的歷史演進，從傳統產品的介紹，進而進入最新發展的次世代益生菌、糞便菌群移植與外泌體（exosome）的敘述，可讓讀者在短時間內了解益生菌在全球醫藥應用的趨勢。

另一部分為益生菌對至少 8 種疾病的保健功效，以科學方法進行客觀研究，最後的成果發現公諸於世，無疑地帶給益生菌，尤其是乳酸菌 *Lactobacillus paracasei* subsp. *paracasei* NTU 101 在個人保健應用的實證，此與市面上其他沒經過驗證、確效的相似產品，簡直無可比擬。

將益生菌的研究，成功地技術轉移業界成為國內外知名產品，不僅利國、利民，並有益於推動個人精準健康照顧，潘教授可謂是生技界的楷模。個人對潘教授在退休之後仍然不分晝夜撰寫多本通俗性的保健書籍，積極為推動國內生技產業而努力的精神非常敬佩，特別推薦本書。

專文推薦 3

大師出手 教你認識益生菌

文／陳明汝

國立臺灣大學特聘教授

近 10 年來，隨著腸道菌相對宿主健康重要性的揭露，益生菌可說是保健食品中最夯的產品之一，各類的益生菌、益生質產品包羅萬象，產品形式有做成菌粉包、各種乳製品，或添加至各類食品或牙膏、化妝品等生活用品，各處都可見到益生菌的蹤跡。

一打開電視、網路或各種媒體，會看到、聽到許多益生菌廣告，菌株種類從單一菌種到十幾種混菌都有，產品菌數更有標榜數百億的活菌產品，主打的功效從早期大家熟悉的腸道保健、免疫調節，到現在的改善神經退化、牙齒保健……百百種，但是菌種越多、活菌數越高真的越好嗎？菌種名稱一樣，功效就相同嗎？

益生菌有很多迷思需要釐清，民眾也需要對它有正確的了解，才能不被市面上琳瑯滿目的益生菌產品所迷惑。認識潘子明教授近 20 年，他教導我許多研究益生菌的技巧，是我的恩師，潘教授投入益生菌研究超過 20 年，他做學問追根究底及嚴謹的態度，讓他成為臺灣益生菌研究界的教父，也最了解益生菌。

透過本書，潘教授將他 20 餘年研究益生菌的經驗，從益生菌定義、迷思破解、功效驗證、到次世代益生菌的未來發展趨勢，

深入淺出、完整分享。讀者更可以從書中列舉的實際實驗結論中，一窺益生菌作為8大病症（包含腸道健康、免疫調節、代謝調節、延緩神經退化、預防蛀牙、緩解骨質疏鬆）的保健功效。

　　大師出手，就是不一樣，希望讀者能透過本書，更清楚了解益生菌，並選擇適合的產品，維護自己的健康。

作者序 |

逐一揭示益生菌研究重要突破
企盼與保健食品同好共創佳績

　　我從臺灣大學完成博士學位後，先在文化大學應用化學研究所任教 15 年，再轉到行政院衛生署預防醫學研究所（衛生福利部疾病管制署前身）擔任細菌組組長 5 年，終於在臺灣大學畢業（1998 年）20 年後回到臺灣大學農業化學系（後轉到生化科技學系）任教，由於機會難得，因而感到特別珍惜。在臺灣大學服務的 18 年，真是做到一天當兩天用。此期間共指導博士班學生 23 位、碩士班學生 65 位。撰寫論文更是不分晝夜，曾有一年發表 27 篇 SCI 雜誌論文的紀錄。學生凌晨以 e-mail 寄來的文稿，我在 4、5 點起床，修改到 7、8 點回寄給學生，學生起床後即已收到修正稿，學生也熟知老師的個性，如有文章或稿件在老師處，就會隨時開信箱，以免耽誤了投稿或送交計畫書的時間。

　　當回到臺灣大學任教時，臺灣正興起保健食品的研究熱潮，在慎重考量後選擇了中國特有的傳統紅麴與東、西方人們均能接受的乳酸菌作為研究對象。研究方面，要感謝與我共同努力奮鬥的研究生，沒有你們絕對無法有此尚稱滿意的成果。博班學生我們主動加碼，由系所規定畢業門檻的 1 至 2 篇 SCI 論文加碼至 3 篇，碩班同學的論文也多能登上 SCI 期刊。日以繼夜的努力，完成了紅麴 141 篇、益生菌 58 篇、基因改造食品 22 篇的研究論文。

　　在 58 篇益生菌相關研究中，以腸道消化保健、免疫保健與

代謝症候群預防醫學之研究最多。此外，乳酸菌神經精神改善、蛀牙預防、牙周病保健、緩解骨質疏鬆與直腸癌化療副作用之研究，更在國內外學術界備受重視。我們剛經歷了新冠肺炎疫情的浩劫，而疫情中之病情控制與疫情後之「長新冠預防」，在在都與腸道菌叢有關。醫院院內感染常會發生二次感染而不易控制的「艱難梭菌治療」，終於在 2022 年有美國 FDA 核可上市的腸道菌群移植產品上市。各器官的保健功效皆與腸道菌叢有密切關聯的關鍵物質——「胞外泌體」也有較深入的研究成果。在以上長新冠預防、艱難梭菌治療與胞外泌體等與益生菌相關的重要議題均有重要突破的現在，將此最新資訊介紹給讀者是敦促我出版此書最大的動力。

為了讓所有益生菌的同好均能夠看得懂本書想要傳送的資訊，所以已將所有內容均改為中文敘述。全書分成：「前言」、「Part 1 攸關健康：全世界都重視的益生菌」、「Part 2 科學實證：益生菌健康研究室」以及「附錄」等 4 部分。

本書首先以腸道菌叢失衡會影響健康作為破題敘述，在前言中提出兩項益生菌新進重要的權威報導：一是權威醫學期刊《Cancer Discovery》所提出癌症的特徵的新近進展中提及近年來非常熱門的腸道菌相之多形性，其與癌症有密切關係，尤其乳癌與大腸癌有很多相關研究，一致認為腸道菌之種類與其代謝物，在致癌及癌化過程均有關係。二是益生菌有助於各器官健康的各種學說論述。自從腦腸軸理論提出後，其他器官與腸道之關聯學說也不斷被提出。嚴格說來，正常健康人們的營養來源（包括保健功效成分）皆係由腸道消化吸收而獲得，當然就要有管道送到身體各器官，才能發揮各器官之機能。所以腸皮軸、腸肺軸、腸骨軸、腸腎軸與腸腦軸等各種功效傳遞系統早已存在，

現在提出此些軸線，確實能夠更讓人們了解腸道與各器官如何聯繫調控。而功效成分之傳遞，在胞外泌體被證實存在後，更清楚的體內快遞傳送系統終告明確。胞外泌體係奈米級顆粒大小的特性被確認後，更能說明其通過血腦屏障（blood brain barrier, BBB）進入腦部影響神經精神功效之作用機轉。

「Part 1 攸關健康：全世界都重視的益生菌」章節，則是希望在進入 Part 2 的「益生菌健康研究室」前，先給予讀者一些正確觀念與基本知識，提出常會造成讀者困擾的 15 個問題，並以我們曾經在實驗室中做實驗所得之實際的例子幫助讀者建立益生菌的正確觀念。接著進入「認識益生菌及其保健與醫藥應用趨勢」之主題。在正確認識益生菌及其製作歷史與程序中，提出較多有關益生菌產品的問題，如發酵乳、酸乳、優酪乳如何區別？益生菌、乳酸菌與酵素又有何不同？乳酸菌應用於食品的條件為何？腸道中的好菌、壞菌各為何？又為什麼牠們被分類為好菌或壞菌？這些問題均一一詳細說明。此外發酵乳的發展史、發酵乳的製造過程、發酵乳的營養價值等亦有詳述。

由於益生菌產品的各種特性均因使用菌株而有不同，菌株是益生菌功效的最重要影響因子，所以在此也有相當篇幅對乳酸菌菌株加以詳細討論，包括乳酸桿菌屬菌株之學名分類有很大變更、世界各地區可使用於食品乳酸菌之正面表列表都整理得清清楚楚。

益生菌最近發展如：（一）次世代益生菌、（二）糞便菌群移植治療艱難梭菌感染，以及（三）胞外泌體應用於醫療、疫苗等的發展也在本書中有詳細探討。

「Part 2 科學實證：益生菌健康研究室」則以 2002 年到 2023 年間，我與臺大生化科技學系碩、博士班研究生研究逾 20 年所發表的學術論文，依《自然》（Nature）期刊雜誌社之分類：第一

代的腸道消化功能、第二代的免疫調節功能、第三代的代謝改善功能與第四代的神經精神功能之次序說明。除此四類功能外，我們的研究還包括：牙齒保健相關的齲齒、牙周病的預防保健、骨質疏鬆改善以及癌症化療輔助劑等研究果也一併於此部分說明。

學術論文發表時均以英文型式投稿、刊登於科學引用指數（Science Citation Index，簡稱 SCI）較高的期刊。為使更多讀者能完全了解實驗內容，本書已將原投稿時之英文全部翻譯成中文。而實驗方法或結果如太深入而不容易理解，為免流於艱澀難懂，特將內容先以更容易理解之圖形與文字數據呈現，但是為了使已具生化、醫學背景的讀者，能了解原投稿時之數據與敘述，更加入進階閱讀內容，以滿足其需求。同時在內文中也將原始文獻列示，使有意進一層深入瞭解者能滿足其需求。我們團隊發表的學術文章，更是將文章完整的資訊列於附錄 4 中。

益生菌用於流感、新冠肺炎、長新冠的輔助療法研究是最近 3 年來大家非常關心的內容。尤其是長新冠發生機率達感染者約 1/6，更是不容忽視。相關資料整理於附錄 1 中。

美國白宮科學和技術政策辦公室（Office of Science and Technology Policy, OSTP）與聯邦機構、私營基金管理機構一同宣布於 2016 年啟動「國家微生物體計畫」，其他各國亦隨後啟動腸道微生物健康研究計畫，探討微生物與健康關係。我們也將世界各國推動的相關計畫內容與執行情形整理於附錄 3。

與精準醫療、再生醫療扮演關鍵角色的胞外泌體，其定義、特性與應用，目前中文有關書籍均少述及，我們也整理於附錄 2。胞外泌體使得腦腸軸等理論中腸道菌叢與各器官之連結機轉，得以窺其全貌。

　　根據新竹食品工業發展研究所統計，臺灣益生菌之年產值佔所有保健食品之比例高達 7.22%，遠遠超過第二位樟芝的 2.96% 與第三位綜合維生素的 2.95%。在所有保健食品中，益生菌產品在各種專業人員與一般民眾之接受度均獨占鰲頭。臺灣的發酵技術也是國際上之佼佼者。非常企盼臺灣之保健食品同好共同努力，使益生菌之研發與生產均能產出更亮麗的成績。

前言 |

不容忽視！
腸道菌叢均衡與否攸關健康

　　人體的腸道中含有 50 兆的微生物，總重量有 1.5 公斤，比起人體細胞的 30 兆還要多！腸道中的微生物統稱為「微生物菌群」，近年來的醫學研究發現，腸道細菌對健康的影響非常廣泛，無論是發炎性的腸道疾病、代謝性疾病、心血管疾病、神經相關疾病、免疫疾病，甚至是憂鬱、焦慮等精神相關疾病，都與腸道菌息息相關。這也就是為何美國政府會投入巨大的資源，進行名為「人類微生物體計畫」（Human Microbiota Project, HMP）的研究（詳見附錄 3）。

發炎及免疫疾病與腸道菌相失調有關

　　一般而言，人體腸道會存在和平共處的正常微生物，當其數量及種類減少時，則會被一些致病性病原菌取代而造成失調現象（dysbiosis），進而引發很多疾病，長年佔臺灣國人死亡率第一位的癌症就是其中一種。

　　2022 年 1 月，瑞士 Agora 轉譯癌症研究中心的道格拉

斯‧哈納漢（Douglas Hanahan）教授在醫學期刊《Cancer Discovery》（期刊影響指數高達 38.272，是非常具有權威性的醫學期刊）上發表了一篇文章，他使用了一個指環圖示來闡述「癌症的特徵」（Hallmarks of Cancer）的最新進展。該篇文章成為當期雜誌的重點議題**（圖1）**。

哈納漢教授和美國麻省理工學院教授羅伯特‧A.‧溫柏格（Robert A. Weinberg），早在西元 2000 年及 2011 年就分別在《細胞》（Cell）期刊（期刊影響指數 29.852，亦為非常優秀的醫學期刊）上闡述癌症的 6 大特徵及 10 大特徵，而在 2023 年則增為 14 項特徵，其中一項就是近年來非常熱門的腸道菌相之多形性，與癌症密切相關，特別是許多與乳癌和大腸癌的相關研究都一致指出，腸道菌的種類以及其代謝物，均在致癌及癌變過程中扮演了重要角色。

益生菌在消化吸收、免疫過敏、代謝症候群之功效早已被大家所熟知，近期提出的神經精神保健功效已讓人們有煥然一新的感覺。現在又被確認與長年獨占鰲頭的癌症特徵有關，更顯示益生菌在預防醫學之重要性。

事實上，各國專家已證實了腸道細菌的重要性。腸道中有好菌也有壞菌，特定的細菌會釋放出內毒素及其他有害分子，經腸壁滲漏至血液中，觸發人體的「免疫反應」，導致「發炎」，對全身各個系統造成傷害（詳見「腸皮軸線」）。若要避免疾病甚至是癌症的發生，維持腸道細菌動態的「均勢」與「平衡」，是非常關鍵的一件事。此外，腸道中的好菌亦可增加人體的免疫力，降低感染新冠肺炎的死亡率。

圖 1 《Cancer Discovery》封面介紹腸道菌相多形性為與癌症相關的 14 項特徵之一

資料來源：2022 年 1 月出版之《Cancer Discovery》期刊，DOI:10.1158/2159-8290.CD-21-1059

圖片來源：https://aacrjournals.org/cancerdiscovery/issue/12/1

益生菌有助各器官健康的各種學說論述

自從腦腸軸理論提出後，其他器官與腸道之關聯學說也不斷被提出，如腸皮軸學說、腸骨軸學說、腸肺軸學說與腸腎軸學說等。嚴格說來，正常健康人們的營養來源皆係由腸道消化吸收而獲得，當然就要有管道送到身體各器官，才能發揮各器官之機能。所以腸皮軸、腸肺軸等早就已存在，現在提出此些軸線，確實能夠更讓人們了解腸道與各器官如何聯繫調控。

茲將其間的聯繫與調控（圖 2）說明如下：

■腸皮軸線

面子問題（皮膚保養）從肌膚老化、膿瘡、青春痘、黑斑、膠原蛋白斷裂、傷口不易癒合等外觀現象，也赫然發現與腸道菌密切關聯，透過益生菌代謝物塗抹或口服，可以幫助與改善肌膚機能。（詳見 P.122，Part 2 第二章「免疫調節」章節。）

■腸骨軸線

已有研究證實，補充某些益生菌對於改善骨質密度、骨關

節的老化具有相當不錯的效果。但科學家們還在潛心研究其中的生理機轉，正在探尋益生菌是否透過活化成骨細胞或抑制破骨細胞，來降低骨質疏鬆的可能性。（詳見 P.213，Part 2 第七章「骨質疏鬆症緩解」章節。）

■腸肺軸線

透過口服益生菌對改善肺部纖維化或呼吸道發育不全、呼吸道發炎、過敏等，幫助舒緩肺部疾病也是這幾年被重視與發展的一大領域。此部分即可說明新冠肺炎應與益生菌有關聯。（參見附錄 1）

■腸腎軸線

腸胃道中之益生菌藉由營養的改善、毒素的降解成為短鏈脂肪酸，此些短鏈脂肪酸則可誘發細胞機能性強化而降低腎臟的發炎與病變。

■腦腸軸線

腸道中的益生菌改變了腦部活動、影響行為表現與腦部發育或腦部健康，比如延緩腦部發育或腦部細胞老化或死亡，因而改善了憂鬱症或記憶力衰退、阿茲海默症、帕金森氏症等。

這些改善被發現是由益生菌對大腦產生調控作用，藉由迷走神經傳遞訊息回到腦部或刺激神經的調控因子，如血清素、多巴胺及 γ- 胺基丁酸，傳送到大腦，進而活化腦部降低神經退化性疾病風險，甚至可幫助控制情緒。（詳見 P.169，Part 2 第四章「神經精神退化減緩」章節。）

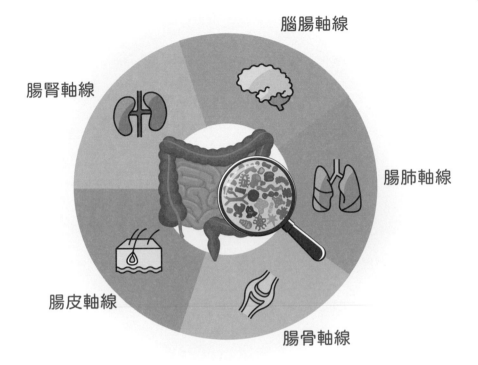

腦腸軸線

腸腎軸線

腸肺軸線

腸皮軸線

腸骨軸線

圖 2 腸道與各器官之聯繫與調控圖（綜合各種報導所繪製，隨研究更深入應可予以擴充）

PART
1

攸關健康
全世界都重視的
益生菌

—— 正確認識益生菌及其保健與醫藥應用趨勢

15 個益生菌的重要觀念

2020 年 6 月 11 日，科信食品與營養資訊交流中心、中國疾病控制中心營養與健康研究所、中華預防醫學會食品衛生分會與中華預防醫學會健康傳播分會共同發佈了益生菌認知迷思的相關資訊。茲將其中一般消費者較易誤解的 10 個重點內容整理出來，並新增 5 個未被提及但同樣重要的觀念，希望能幫助大家正確認識益生菌。

觀念 1 益生菌並不等於乳酸菌

益生菌（probiotics）參照 FAO/WHO 建議的說法：是指一類活的微生物，當攝入足夠量時，可以對使用對象的健康發揮有益作用，包括調節腸道菌群、促進營養物質吸收和調節免疫等。而乳酸菌（lactic acid bacteria, LAB）一般是指能發酵醣類並主要生成乳酸細菌的總稱，其並非一個嚴格的微生物分類名稱。

雖然益生菌不等於乳酸菌，但大多數益生菌屬於乳酸菌中的雙歧桿菌（*Bifidobacterium*）和乳桿菌（*Lactobacillus*）。除了乳酸菌外，某些具有健康功效的酵母菌和芽孢桿菌也可以是益生菌，比如鮑氏酵母菌（*Saccharomyces boulardii*）、凝結芽孢桿菌（*Bacillus coagulans*）等。因此，任何能被證明對使用對象能發揮有益作用的微生物，都可以被稱為益生菌。

舉例乳酸菌 *Lacticaseibacillus*（*Lactobacillus*）*paracasei* subsp. *paracasei* NTU 101（屬名因新命名法而有所改變，詳見第二章）（以下簡稱 NTU 101），就是我們從嬰兒腸道分離的一株優良乳酸菌株，其在學術上是屬於細菌中的乳酸菌，因其對人體有很多助益，當然是益生菌，所以 NTU 101 是

乳酸菌也是益生菌。為了強調其對人體有促進健康的效果，在本書就稱之為益生菌，以加深讀者的印象。

NTU 101 在腸道能耐胃酸與膽鹽考驗，能確實到達腸道發揮其保健功效。我們同時也把亞洲與歐洲乳酸菌大廠使用之菌株一併檢測，發現在經過 3 小時的消化液作用後（連續性的胃酸與膽汁測試），NTU 101 的存活率還有 96.4%，明顯優於丹麥大廠柯漢森（Chr. Hansen）公司使用之 *Lactobacillus rhamnosus* GG 菌株（簡稱 LGG 菌）與日本養樂多公司使用的養樂多代田菌（*Lactobacillus casei* Shirota）菌株（簡稱 Shirota 菌）（**圖3**）。

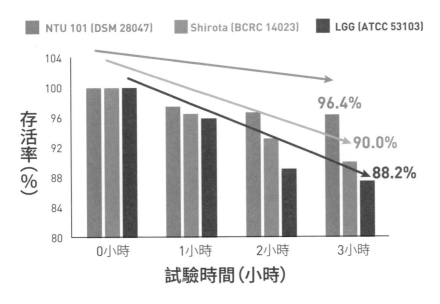

圖 3 各種乳酸菌菌株於胃酸與膽汁存在下之存活情形
Lactobacillus casei Shirota 菌株（簡稱 Shirota 菌）BCRC 14023 為日本養樂多公司使用之菌株，鼠李糖乳桿菌（*Lactobacillus rhamnosus* GG）則為丹麥柯漢森（Chr. Hansen）公司使用之菌株。經過 3 小時的消化液作用後（連續性的胃酸與膽汁測試），NTU 101 的存活率最高。

觀念 2 某些乳酸菌的死菌也具保健功效，但它並非益生菌

益生菌除了活菌狀態可以發揮保健功效以外，失去活性的死菌，因其含有特殊的代謝產物或細胞成分，比如多醣、短鏈脂肪酸、胞壁酸等，同樣也具有一定的健康益處。且有一些研究顯示，這些物質的保健效果並不比活菌差。為了避免與益生菌的活菌狀態造成混淆，這些已經失去菌株活性的益生菌相關產品，被稱為後生質（postbiotics）。

如果你在購買產品時，發現產品的標示寫著：「殺菌型」或者「經過滅活處理」等，表示此產品不含活菌，依學術上的定義，此種產品並不符合益生菌產品的要求。當然如果此菌株可以產生後生質，仍有可能具保健功效。

選購這類的產品應注意是否有足夠的科學證據，證明其細胞成分或代謝物具有保健功效，否則僅為單純的風味產品。

觀念 3 發酵乳、發酵乳飲品、乳酸飲料的
營養價值其實差別很大

乳酸菌產品大致可分成 3 種：發酵乳、發酵乳飲品和乳酸飲料，其最大的差異在於產品中乳酸菌與蛋白質的含量：(1) 乳酸菌含量：3 種產品中發酵乳與發酵乳飲品中含有活的乳酸菌，而乳酸飲料內則沒有活菌。(2) 營養價值：發酵乳與發酵乳飲品的活菌保健功效與蛋白質含量，優於乳酸飲料。

簡言之，發酵乳比較像是「健康補充品」，而乳酸飲料則可歸類於「休閒飲品」，發酵乳飲品則介於兩者之間。

觀念 4　益生質是益生菌的食物，其並非益生菌

　　益生質（prebiotics）或稱益生元，是指可被腸道微生物選擇性利用，並產生一定保健功效的物質。常見的益生質包括低聚果糖、低聚異麥芽糖、菊粉、低聚半乳糖、母乳低聚糖等。

　　雖然益生質不能被人體消化，但其能促進腸道有益菌的生長繁殖，從而促進人體健康，因此通常情況下，益生菌和益生質合理搭配使用（兩者混合物稱為合生質 synbiotics）效果會更好，比如將低聚果糖、低聚半乳糖、菊粉與雙歧桿菌的搭配，可以促進雙歧桿菌增殖並發揮作用。市面上也有益生菌搭配益生質成為合生質的產品販售。

　　然而並不是某一種益生質對所有益生菌都會有同樣的促進生長效果，我們曾以 NTU 101 搭配各種益生質，發覺菊苣纖維效果最好。保健食品使用菌株不同，各個配方成分均需透過實驗才能確定是否為最好的搭配（圖 4）。

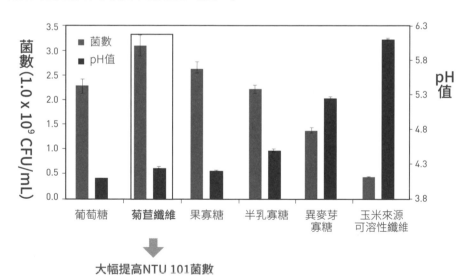

圖 4 NTU 101 對不同益生質有不同的利用能力，其中以菊苣纖維效果最好，可大幅增加菌數

觀念 5 並非所有益生菌的作用都一樣，
可依據需求選擇菌種及菌株

　　不同的益生菌，菌株的功能性也不同，並不是吃一種益生菌就可以做好全方位防護。另外使用者的個體腸道菌群差異也會影響益生菌效果的表現。消費者購買益生菌之前，建議先了解自身需求或是健康狀況（例如：排便順暢、降低對過敏原之不適、調整體質……等），必要時請徵詢專家意見，再去選擇對應的益生菌。

　　選擇益生菌一定要選擇使用屬名、種名以及菌株編號均明白列示菌株所生產之產品，如此則可以根據產品使用菌株的編號，搜尋相關科學文獻，進一步了解此菌株所敘述的功效是否有科學證據。

觀念 6 活菌數越多，其益生效果不一定越好，
重點是菌株特性

　　益生菌的作用與劑量有關，攝入足夠劑量的益生菌才能達到相對應的效果，但不同的菌株其發揮保健功效的劑量也不同，因此不宜直接比較活菌數來衡量其益生效果的優劣，仍應以科學證據為準。

　　網路上許多益生菌產品都強調有好幾千億，請注意，不要被這種手法給騙了，不同菌株皆有自己的功效劑量，請選擇有臨床試驗證實其功效的益生菌產品，別只選擇高菌數的產品，而且可能因菌數多而買貴了。

　　此外亦有廠商為了使產品中的活菌數多，常添加會產生孢子（spore forming）的耐熱益生菌，讓驗出來的活菌數字變高，但這不一定表示功效就越好。最好要有以終產品（即市售產品而非由

原料商買來的原料菌粉，因菌粉還會添加安定劑等其他成分）進行的功效評估報告，才能判定益生菌是否真的具有益生效果。

觀念 7 一種產品所含菌株種類越多，不見得效果就越好

不同菌株之間可能會產生加乘作用，但並不是所有菌株組合都有效果，不能光看益生菌產品中所含的菌株種類就認定它一定有某種效果。我們再次強調選擇益生菌產品，應優先考量具有科學研究證據的產品。

有些廠商會把各種未經證實有功效的菌都混在一起做成產品，然後標榜菌株種類超多（曾審查過號稱有 78 種菌株的產品，但卻回答不出是哪 78 種菌株）。若未使用具有功效證實的益生菌或是使用有功效的菌卻未達到功效劑量，就有可能會影響效果。

強烈建議選購經以終產品進行功效評估，確認有保健功效的產品。不要購買只含有原料菌粉廠商所提供以單一原料菌粉所進行的功效評估報告。因各種原料，包括菌粉、益生質與其他成分混合後不見得還保有原來功效。衛生福利部對於申請健康食品的保健產品均要求以最終產品進行功效評估。

觀念 8 益生菌並非萬靈丹，並不能包治百病

益生菌並不是萬靈丹，在購買前應先了解自身需求。目前大多數科學家認同，益生菌能夠調節腸道菌群，促進營養物質在腸道內的消化、吸收和代謝，有益人體健康。

益生菌在臨床上之應用，比如：調節免疫、預防和降低兒童腹瀉風險和縮短持續腹瀉時間、改善便秘、減輕腸炎症狀、改善過敏和有助於體重控制等方面，已經實驗證實確實有不錯的效果。

有些科學文章所指出益生菌的某些功能，係仍處於細胞或動物實驗階段，還未經過人體臨床證據證明。菌株特異性及個體腸道菌群差異性等會有很大的影響，各種益生菌的應用還需要進一步研究才能證實。所以我認為不應盲目以為益生菌就像「神藥」一樣。

觀念 9 聰明辨別添加用途，「有添加」不等於不好

在講求「天然最好」的時代，一般人都不希望吃進肚子裡的是一堆添加物，因此有些食品會標榜「無添加」，益生菌產品也是如此。不過事實上，有些益生菌中所添加的成分，對身體保健是有幫助的。最常見的添加物例如寡醣類、糖醇類或是膳食纖維類都屬於益生質，可以促進益生菌生長繁殖；而麥芽糊精是賦形劑，可以避免益生菌結塊、增加益生菌保存效期，提升益生菌的穩定性。

為了增加益生菌產品的功效，廠商在製造時也會添加其他營養素或酵素，例如以維生素 B 增強體力、以消化酵素幫助代謝等。因此，選擇益生菌時，先了解這些添加物的成分以及添加原因，只要是必要、正確與合理的，都可以放心選購。

在此還是要說明所謂合生質（益生菌與益生質的混合物）的配方是無法一體適用的，我們曾經找到一種優良配方，其組成分中包括前述的益生質以及對消化有助益的酵素（暫且稱為優良配方），將此優良配方加入 3 種益生菌：除 NTU 101 外，另 2 種為歐洲益生菌大廠使用的 *Lactobacillus rhamnosus* HN001（Danisco）與 *Lactobacillus acidophilus* NCFM（Danisco），經以最基本的發酵基質（75% 無糖豆漿 + 25% 脫脂牛奶）發酵 17.5 小時後，發現 NTU 101 可以產出最多的蛋白質與胜肽（如下表 1），同時亦培養生成最多的好菌——龍根雙歧桿菌 **（圖 5）**。

表 1 各菌株發酵後發酵液中之蛋白質及胜肽含量變化

	純 101	NTU 101 +優良配方	HN001 +優良配方	NCFM +優良配方
pH	3.92	3.82	3.79	3.65
蛋白質含量 (mg/mL)	2.44	21.06	21.75	20.58
胜肽含量 (mg/mL)	1.87	13.38	12.47	15.71

NTU 101：*Lacticaseibacillus paracasei* subsp. *paracasei* NTU 101；HN001：
　　Lacticaseibacillus rhamnosus HN001（Danisco）；NCFM：*Lactobacillus
　　acidophilus* NCFM（Danisco）

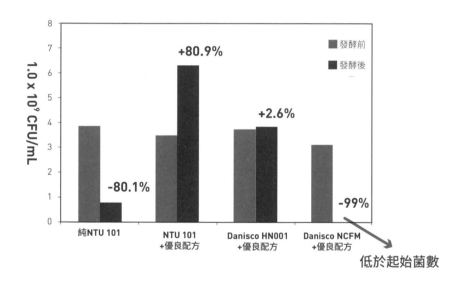

圖 5 各種不同菌株以最基本的發酵基質發酵 17.5 小時後，發酵液中所含之
好菌指標龍根雙歧桿菌數較發酵前菌數增加以 NTU 101 的 80.9% 最高。

NTU 101：*Lacticaseibacillus paracasei* subsp. *paracasei* NTU 101；HN001：
Lactobacillus rhamnosus HN001（Danisco）；NCFM：*Lactobacillus acidophilus*
NCFM（Danisco）

觀念10 益生菌產品一般並不會太甜，不必刻意因糖太多而不吃益生菌

　　一份益生菌菌粉（發酵液經冷凍乾燥去除水分後，因氫離子無法由乳酸解離，故酸味不易呈現）所製成保健食品中添加的糖或甜味劑量相加大概落在 0 到 1 公克之間；比起衛生福利部或美國 FDA 建議每人每日添加糖及每日甜味劑建議攝取量（例如：山梨醇、木糖醇等糖醇類，每日攝取量需低於 20 公克）相差 20 倍，甚至近百倍，所以不需特別擔心益生菌粉中的糖會讓人發胖或是影響孩子發育。飲料、甜點、或是在烹調上調味醬料所隱藏的糖，遠高於由攝食益生菌保健產品可能攝取到的添加糖量。

　　之所以要在益生菌發酵製成之發酵乳放糖，是因為發酵會產生乳酸，在液態時酸味較易呈現（於水溶液狀態呈現酸味的氫離子較易生成），故喝起來特別酸，發酵液之酸鹼值可達 pH 值三點多，直接飲用可能很難入口，故會添加糖以緩解酸味。

　　由於健康食品不宜添加太多量的精緻糖（一般食品也一樣），衛生福利部於 2017 年 7 月 17 日以衛授食字第 1061300590 號函修正健康食品查驗登記審查原則，規定業者申請健康食品的配方，宜儘量符合少油、少糖及少鹽的飲食原則。健康食品送審時，依其每日建議攝取量，如額外添加糖逾 25 克，則不得申請為健康食品。健康食品的每日建議攝取量，如額外添加糖在 17 克以上，應加註熱量警語如下：「本品依每日建議攝取量○○公克／毫升，所含外加精緻糖量達○○公克，請注意熱量攝取」等類似等同詞句。

　　益生菌生產的發酵乳，曾因添加的糖量太高，引起某團體抗議。衛生福利部乃請通過健康食品認證之發酵乳業者開會討論，

做出需於規定期限內將添加精緻糖量降至每日建議攝取量中額外添加糖量需低於 25 克，否則取消健康食品之認證。所有業者均已依規定將添加精緻糖量降至 25 克以下。

觀念11 常吃益生菌並不會產生依賴性，但也需搭配健康飲食生活習慣

益生菌是一種活的微生物，經過嚴格科學研究的益生菌菌株對一般人而言都是安全的，我們補充的這些益生菌將會與人體腸道菌群彼此相互協助，互利共生。長期食用益生菌並不會使腸道喪失自身繁殖有益菌的能力，或使人產生依賴性。

益生菌在腸道菌叢不平衡而有不適時，可以讓腸道內的生態環境獲得改善，但是也需要配合調整飲食與生活作息，不宜持續性大吃大喝或每天都吃宵夜，否則就算補充再多益生菌也無法促進健康。

人們所吃的食物會影響益生菌的定殖率及功效，不當烹飪方式所備製的食物，例如油炸、燒烤類，容易影響腸道菌群的平衡，甚至誘發發炎反應，進而削弱益生菌的作用。此外雖然碳水化合物、蛋白質、脂肪等都是人體必需的營養素，但仍要注意食用比例及份量，否則會使腸道中的壞菌快速繁殖，破壞腸道的菌相平衡。

上面敘述曾提及，維生素、礦物質及果寡糖可以使益生菌本身的保健功效發揮加乘效果，所以日常飲食中若攝取足夠這類的食物，例如：豆製品、非精製澱粉（燕麥、糙米、小麥）、新鮮蔬菜及水果，就可以刺激腸道發酵產生短鏈脂肪酸，提供給益生菌作為能量來源，增強及維持益生菌在腸道的作用。

在補充益生菌的同時，仍不可忘記均衡飲食的原則，才能讓益生菌的功效完善地發揮。

觀念12 長期吃益生菌才能真正有益腸道健康

　　腸道益生菌約 7 至 14 天即會被更換，也就是說益生菌被更新的速度很快，故並不會有依賴的情況產生，由於腸道菌每隔一段時間就會更新，所以需要定期補充益生菌，才能有助於維持腸胃健康。

　　如果某一菌株於腸壁的吸附能力越高，則越不易被食物一起帶走排出體外，更不需要在短期內補充含益生菌保健食品。我們使用常用測試腸壁上附著效果的 Caco-2 細胞株（模擬小腸上皮細胞的模型）檢驗各種益生菌菌株於腸壁的附著能力。NTU 101比 Shirota 和 LGG 有更好的吸附率（約兩倍），應可用於生產較長效型的產品**（圖 6）**。

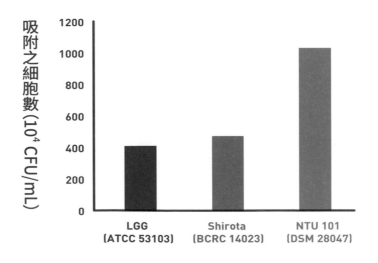

圖 6 各菌株於 Caco-2 細胞株（模擬小腸上皮細胞的模型）之附著能力

LGG：*Lacticaseibacillus rhamnosus* GG；Shirota：*Lactobacillus casei* Shirota；NTU 101：*Lacticaseibacillus paracasei* subsp. *paracasei* NTU 101

觀念13 益生菌的作用不因人種不同而異，不過對特殊病人須留意

益生菌的作用不會因為人種不同而不同，僅會因為使用者個體中的腸道菌群組成差異而有效果的差異。

而影響人體腸道菌群組成的主要因素是飲食和環境，全球各地人群的腸道菌群組成上會存在一定差異，但宏觀的腸道菌群在人體代謝中發揮的作用不會因為人群種族、年齡等因素產生顯著差異，目前也沒有發現益生菌的作用會因為人種不同而出現明顯差異。

益生菌產品必須經過主管部門衛生福利部批准才能上市銷售，經過批准的益生菌，對於絕大多數人來說是安全的，也無證據顯示長期食用益生菌會有不良反應。消費者可按產品說明書的建議安心使用，但是免疫缺陷患者、危重病人等特殊人群，使用前應諮詢醫生意見。

益生菌必須選擇具有安全性評估報告，像是 28 天餵食毒性試驗、90 天餵食毒性試驗、基因毒性試驗（體外哺乳類細胞的染色體異常分析法、小鼠微核（micronuclei）試驗、沙門氏菌回復突變試驗），能通過這些科學試驗的益生菌，才能讓使用者吃得安心，也才真正有益健康。

觀念14 購買益生菌粉或發酵乳，低溫保存效果要比室溫好

益生菌發酵完成後，如已將水分凍乾去除成為菌粉，在此種比較乾燥的環境中，益生菌安定性比較好，凍乾之菌粉以鋁箔包裝或膠囊包裝保存性均不錯。要注意的是保存溫度，如果方便於冰箱低溫保存，效果要比室溫保存來得好。

如果買的是發酵乳，則一定要保存於冰箱中。在常溫下發酵乳水分含量高，稍有不慎（如包裝之鋁箔紙稍有空隙或開封飲用後再次放入冰箱，則可能會有雜菌汙染），很容易會腐敗。

觀念15 益生菌空腹吃最能發揮功效，且要避免搭配熱水熱飲喝

益生菌在不同時間吃會影響效果，空腹時食用最能發揮益生菌的功效，另外，食用時還需注意以下5點：

1. 益生菌會與其他菌叢搶腸道的定殖表面，故服用抗生素時，要在服用即將結束時適時補充益生菌。當腸道表面積已被益生菌佔據，如有不慎吃進壞菌情形，則因表面積已被益生菌佔據，使壞菌無法於腸道定殖。

2. 搭配幫助益生菌生長的食物（益生質），如膳食纖維、五穀雜糧、蔬菜水果等。

3. 保持定期、長期食用益生菌習慣，每日固定時間吃益生菌才能使益生菌於腸道附著繁殖。

4. 不可搭配熱開水食用益生菌，即應避免使用攝氏 40 度以上的水配益生菌，因高溫會殺死益生菌。

5. 吃完益生菌不能馬上喝咖啡、茶等，至少要等待 1 小時，避免咖啡因影響益生菌效果。

| 第一章 |

益生菌的歷史：
先從發酵乳談起

發酵乳又稱酸奶（Yogurt）、酸乳、優酪乳，一般固態的酸奶稱為「優格」，液態的稱為「優酪乳」。發酵乳係將動物乳汁（或奶粉加水溶解所得之還原奶）先經殺菌、冷卻後接種乳酸菌，經乳酸菌發酵而生成。發酵完之發酵乳可以較濃稠之原液或稀釋成較為稀薄之稀釋液（稱為稀釋發酵乳）販售。當然也可以濃縮過濾後，經冷凍乾燥而得菌粉，再包裝成粉包或膠囊販售。

世界各地製作發酵乳的歷史

人類製作食用發酵乳的歷史可追溯到公元前 3000 多年，群居住在安納托利亞高原（現今之土耳其高原）的古代遊牧民族，因為無法保存新鮮的羊奶，所以經常要餓肚子。後來他們發現變質的羊奶不僅能喝，而且更為酸甜適口，索性將羊奶煮沸，冷卻後讓其自然發酵（即不添加菌株，只利用空氣中原存在之菌株發酵），得到易於保存的發酵乳，也就是我們今天常喝的發酵乳飲料。

世界各地都有製作食用發酵乳的歷史：

- 希臘東北部和保加利亞地區的色雷斯人〔英語：Thracians；拉丁語：Thraci，是古代色雷斯（Thrace）地區（今巴爾幹

半島北部）的居民〕在公元前 2000 多年就掌握了發酵乳的製作技術。

■ 印度、古希臘和埃及人在公元前 200 年也都學會了發酵乳的手工製作法。

■ 在中國，發酵乳有記載之最早記錄是在公元 5 世紀，賈思勰在《齊民要術》中記載了齊地酸奶的製作方法。

發酵乳的工業化生產

發酵乳從很久遠的時代就已經出現，但到了 20 世紀初才開始被大規模產業化生產。

俄國知名的微生物學家與免疫學家梅契尼可夫（Metchnikoff）因發現了乳酸菌對人體的益處，被尊稱為「人類免疫學之父」。他在巴斯德研究院裡的工作期間，曾到保加利亞旅行，發現當地「盛產」百歲人瑞。梅契尼可夫進一步調查居民的飲食習慣，得知他們經常飲用發酵乳，且為了證明他對「發酵乳可延長壽命」的假設，他每天都喝發酵乳，後來他公開表示，喝了含有「保加利亞乳酸菌」的發酵乳可以延年益壽。這個研究報

圖 7 梅契尼可夫出生於烏克蘭，為俄國微生物學家與免疫學家，是免疫系統研究的先驅者之一。曾在 1908 年，因為吞噬作用（一種由白血球執行的免疫方式）的研究，而得到諾貝爾生理學或醫學獎。也因為發現乳酸菌對人體的益處，使人們稱之為「乳酸菌之父」。臺灣的發酵乳產品還曾以其肖像為產品標示。

告引起人們的注意，發酵乳的產量在短短幾年內大幅飆升，促進了全球發酵乳產業的萌芽與發展。

1919 年，西班牙的達能公司（Danone）開始了發酵乳的工業生產。1950 年代，研究人員改良了殺菌技術、原料配方、包裝技術、添加物等，開始進入大規模生產，並生產出各種風味、口感更好的發酵乳產品。

1962 年臺灣「國際酵母乳業股份有限公司（今養樂多股份有限公司）」與日本「關東養樂多株式會社」合資在臺灣成立公司，隔年「養樂多活菌酵母乳」在臺灣正式上市，並透過「養樂多媽媽」的配送策略，使得這項產品立即吸引全國消費者的注意，也讓許多食品業者嗅到這塊龐大商機。1978 年，養樂多股份有限公司推出塑膠瓶裝「滋愛」優酪乳，成為臺灣第一瓶優酪乳。而臺灣福樂（今佳乳股份有限公司）後續也推出優酪乳，並帶動味全、統一、光泉等品牌，自此市場進入百家爭鳴的階段。

中國發酵乳的現代化生產開始於 1980 年代。當時北京一家乳品廠從丹麥引進了技術和設備，由小規模靜置式的發酵技術進步成大規模的攪拌型發酵槽生產發酵乳，使用攪拌型發酵槽，可應用通氣、攪拌技術使生產規模擴大。1989 年上海冠生園食品廠開始生產含有活性乳酸菌的發酵乳。市面上發酵乳的需求和生產快速擴張，使得乳製品企業也跟著一家家成立，知名的廠家包括光明、蒙牛、伊利等。

發酵乳的製造過程

根據台灣區乳品工業同業公會網站上的資料：「發酵乳（Fermented milk）是牛乳、羊乳或其他家畜（如馬、駱駝）

的乳汁，經過適當的殺菌消毒後，再接種特定的乳酸菌或酵母菌加以培養所製成帶有酸味及芳香的製品。」

也就是說，發酵乳可以使用生乳、鮮乳或還原乳（將固態的奶粉加水使還原成原來液態牛奶）作為原料，將原料乳殺菌後降溫，再放入乳酸菌，讓乳酸菌在桶槽內進行發酵。發酵的時間則視菌種而有不同，一般市售的優酪乳發酵時間約需 4 至 6 小時。

發酵完成的發酵乳，還需經過一道「均質化」的手續，才能將偏向凝固態優格的半成品，變成液體狀的發酵乳。此時的發酵乳的口味偏酸，製造業者於是會加入糖、水果或香料進行調和，或是加入上文所述的營養添加物，再經過過濾、充填分裝到瓶中，最終成為我們所喝的發酵乳。

茲將發酵乳之製造過程圖示如**圖 8**：

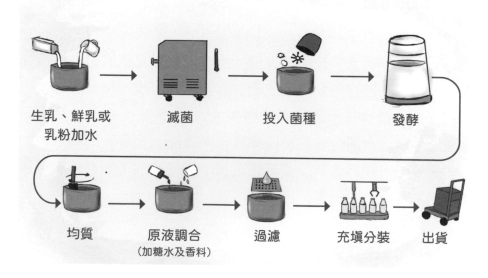

生乳、鮮乳或　　滅菌　　　投入菌種　　　發酵
乳粉加水

均質　　　原液調合　　　過濾　　　充填分裝　　　出貨
　　　　（加糖水及香料）

圖 8 發酵乳之製造過程

市售發酵乳飲品種類繁多，養樂多、活益比菲多、益菌多、各種優酪乳及優格，都算在內。

發酵乳的種類

各種發酵乳依國家標準分類有發酵乳、濃縮發酵乳、保久發酵乳、調味發酵乳、發酵乳飲品等 5 種，主要差別在於其所含之乳酸菌菌數與蛋白質含量。根據國家標準 CNS 3058，發酵乳之乳蛋白質、乳脂肪及最低活性可食用發酵菌含量的規範如下表 2：

表 2 發酵乳、濃縮發酵乳、保久發酵乳、調味發酵乳及發酵乳飲品之各種規範

項目	種類				
	發酵乳	濃縮發酵乳	保久發酵乳	調味發酵乳	發酵乳飲品
乳蛋白質 (%, m/m)	2.7 以上	5.6 以上	2.7 以上	1.4 以上	1.1 以上
乳脂肪 (%, m/m)	高脂：3.8%(m/m) 以上。 全脂：3.0% (m/m) 以上 , 未滿 3.8% (m/m)。 中脂：1.5% (m/m) 以上 , 未滿 3.0% (m/m)。 低脂：0.5% (m/m) 以上 , 未滿 1.5% (m/m)。 脫脂：未滿 3.5% (m/m)。 脂肪未調整：3.0% (m/m) 以上。				
最低活性可食用發酵菌含量 (CFU/mL)	10^7 以上	10^7 以上	-	10^6 以上	10^6 以上

資料來源：中華民國標準 CNS3058 發酵乳

乳酸飲料可分為兩種：

(1) 以發酵乳作為原料，添加糖水與香料調製，再經殺菌而製成。這類產品經殺菌後已不含活菌，如可爾必思（保久發

酵乳亦經滅菌而不含活菌），故可於常溫下保存，如某菌株會產生後生質，以此種方式製備產品則是常溫下可發揮保健功效，較易達成常溫保存之較低門檻。

(2) 原料中並沒有發酵乳，而是直接以水、乳粉、有機酸、糖以及香料等成分調製而成的飲料。以前買便當時常附送之飲料，多為此類不含乳酸菌之飲料。但因民眾普遍不喜歡，現在已很少見。

發酵乳的營養

牛乳本身是一種組成均衡完美的食品，常受營養師推薦。而發酵乳將牛乳經活性乳酸菌進行發酵作用，使得牛乳中的大分子成分被分解成小分子，成為乳酸菌的各種代謝產物，更進一步提升了其營養價值。

根據台灣區乳品工業同業公會網站上的資料，發酵乳所含的營養成分列示如下：

■ 乳糖

乳酸菌具有高度的解糖能力，能將牛乳中部分乳糖分解產生多種有機酸，其中以乳酸最多。乳酸能促進胃液分泌、刺激腸道蠕動、抑制腸內有害菌增殖。其他小分子有機酸如乙酸、丙酸及丁酸等，均為對健康有益的成分。

■ 蛋白質

牛乳中大分子的蛋白質不易被消化吸收，經由乳酸菌的作用、分解變成柔軟的凝乳，其消化性更勝於牛乳。另一方面，不同乳酸菌會分泌不同蛋白質分解酵素（protease）將蛋白質水解

成較小分子的胜肽（peptide）或胺基酸（amino acids），使可溶性蛋白質、非蛋白質態氮及游離胺基酸含量增加，因此有更高的蛋白質效率。

■ 鈣質

發酵乳中含有比鮮乳更多的鈣質，而且鈣質與乳酸會充分結合成為更容易被吸收的乳酸鈣。此外，發酵乳中的酪蛋白（牛乳中主要蛋白質）被分解成磷胜肽（phosphopeptide），促使小腸更能有效的吸收鈣質。

■ 維生素

乳酸菌在牛乳中發育的過程中會合成相當量的 B 群維生素，包括維生素 B_1（thiamin）、B_6（pyridoxine）、葉酸（folic acid）、菸鹼酸（nicotinic acid）、B_{12}（cyanocobalamin）等，其中以葉酸的增加最為顯著，可達 10 倍以上，而牛乳中原本富含的維生素 A 及 B_2 含量無太大變化。對於普遍缺乏維生素的現代人來說，發酵乳是補充維生素極為優良的來源。

■ 菌體成分中的蛋白質、碳水化合物、脂肪、核酸等

「菌體」成分非為牛乳中原有的成分，其係經由發酵時乳酸菌代謝所產生，包括菌體的蛋白質、碳水化合物、脂肪、核酸等營養成分。許多研究發現，乳酸菌細胞壁中含有醣物質及多醣體（polysaccharide），可刺激人體免疫能力的增強，並具有抗腫瘤的效果。

發酵乳的選購及保存要訣

　　無論是何種型式的發酵乳產品，在選購時除了要注重品牌形象外，儘量向冷藏櫃管理良好的商店或超市購買，同時要特別注意產品的製造日期，購買時離製造日愈近愈好。發酵乳產品品質的好壞可從以下兩點加以分辨：

(1) 凝態產品的外觀呈純白或微乳黃色、質地滑嫩，凝乳外表無明顯水樣的乳清（whey）析出，也未結成硬皮、硬塊或龜裂的情形。

(2) 每一種廠牌均有其奇特有的口感、酸味、香氣與色澤，食用時如感覺變化太大（如變稀、變濃、變硬、變酸、變味、變色），就可能是雜菌污染或出廠太久，都應多加注意。

　　發酵乳中因為含有活性乳酸菌，在低溫中仍然會緩慢發酵（稱為後酸化作用），除了酸度會增加外，活性菌數也會逐漸減少，尤其在貯存溫度過高時更易發生。故購回的發酵乳應置於5-10° C 以下的冰箱貯存，並儘快喝完，以避免走味。

第二章

正確認識益生菌、
乳酸菌與酵素

益生菌

益生菌（probiotics）是指一類活的微生物，源於希臘語「for life」（對生命有益），中文譯為「益生菌」或「原生保健性菌種」。當攝入足夠量時，可以對使用對象的健康發揮有益作用，包括調節腸道菌群、促進營養物質吸收和調節免疫等。

益生菌包括乳酸菌、部分桿菌（如納豆桿菌 [Bacillus natto]、丙酸桿菌 [Propionibacterium shermanii]）、醋酸菌、和部分酵母菌——鮑氏酵母菌（Saccharomyces boulardii），而乳酸菌則占了益生菌非常大的比率。舉例乳酸桿菌 Lacticaseibacillus paracasei subsp. paracasei NTU 101（以下簡稱 NTU 101）就是我們從嬰兒腸道分離的一株優良菌株，其在學術上是屬於細菌中的乳酸菌，因其對人體有很多助益，當然是益生菌，所以 NTU 101 是乳酸菌也是益生菌。為了強調其對人體有促進健康的效果，在本書就稱之為益生菌，以加深讀者的印象。

乳酸菌

乳酸菌（lactic acid bacteria, LAB）一般是指能發酵醣類並主要生成乳酸細菌的總稱。為格蘭氏染色陽性菌（Gram positive）；無運動性；不產生孢子的厭氧或兼性厭氧菌，一般可於有氧環境生長，但以無氧環境生長較佳。乳酸菌的營養需求複雜，需有碳水化合物、胺基酸、核酸衍生物、維生素與多種生長因子方可生長。

乳酸菌分布廣泛，在許多環境中都可以和其他微生物構成穩定的生態系共存共榮。在自然界只要有動、植物的地方，就有足夠的營養供乳酸菌生長，舉凡動物的乳汁、消化道、陰道、糞便、動物殘骸堆積物；植物的樹汁液、花蜜、植物殘骸堆積物、果實損傷部位等，都可發現乳酸菌的存在。

乳酸菌在很早以前即被用於泡菜生產上，只是並沒有刻意接種乳酸菌株，而是應用自然界中存在的菌株，當然無法做到純菌株生產，但大氣中的菌中就有乳酸菌，也是泡菜酸味的來源。慢慢的人們知道如果先將蔬菜滅菌再接種乳酸菌株，泡菜中的乳酸菌會更多更純，發酵效果就會更好。

酵素

酵素（enzyme）或稱為酶，是乳酸菌或其他微生物體內生成存在於體內（也可排出體外）之一種蛋白質，其可以分解大分子的醣類、蛋白質或脂肪，成為人體可以吸收的單醣（如葡萄糖）、胺基酸與脂肪酸。

酵素可以由乳酸菌所分泌形成，也可以由其他細菌、酵母菌或黴菌產生。市售的所謂酵素產品，大多是以蔬菜、水果為原料，添加特定之微生物或不添加微生物（使用原料中原來就存在之微生物），對蔬果原料進行發酵而生產所得之蔬果水解液，其內因含有乙酸、丙酸或乳酸，故嚐起來是酸味的。當然此種所謂的酵

素產品也可能是由乳酸菌發酵而得，但不一定是乳酸菌，其是酵素作用之產物，但不一定含有酵素。

有的乳酸菌產品除乳酸菌外，亦有另加入酵素者。乳酸菌體內應含有酵素，亦有可能產生酵素後排出體外存在於發酵液中。不管是乳酸菌體內或體外之酵素，均可參與人體消化道之消化分解作用，但乳酸菌所生成之酵素，不一定能將人體攝入食品中的大分子，完全分解為小分子。為了促使人體內之消化作用更完全（尤其是東方人常缺乏乳糖酶，喝牛奶無法將乳糖分解而引起下瀉），故也有於乳酸菌產品中額外添加酵素者。但何種乳酸菌發酵產品要添加何種酵素，才能促進人體的消化、吸收，則須做實驗才能確定。

我們曾經進行試驗，比較 NTU 101 益生菌發酵前與發酵後，各種消化酵素之含量是否會因為發酵而增加（**圖 9**），結果是增加了，但是仍不足以提供人們完全消化吃進消化道食物之需求。

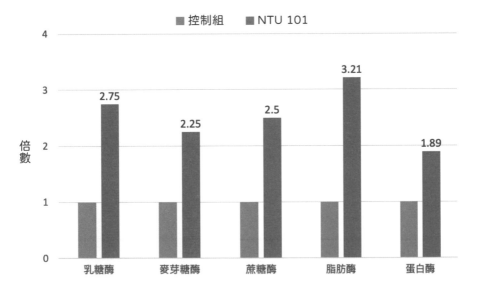

圖 9 攝食 NTU 101 可使實驗動物消化道之分解酵素增加

經搜尋找到市面上有一種含有 19 種酵素混合物之產品，我們依照產品說明所示之檢驗方法，確認各單一酵素之活性後，將其添加於乳酸菌菌粉後再測各酵素活性，確認此酵素與 NTU 101 之混合效果比目前其他廠牌市售菌粉之效果均更好（表 3），才確認顧客如果主要需求是幫助消化之效果，此種添加酵素之產品應可滿足其需求。

表 3 NTU 101 或其他乳酸菌添加優良配方共同發酵所得發酵液中所含蛋白質與胜肽含量

	純 NTU 101	NTU 101 + 優良配方	HN001 + 優良配方	NCFM + 優良配方
pH 值	3.92	3.82	3.79	3.65
蛋白質含量 (mg/mL)	2.44	21.06	21.75	20.58
胜肽含量 (mg/mL)	1.87	13.38	12.47	15.71

註：HN 001：*Lacticaseibacillus rhamnosus* HN001（Danisco）；NCFM：*Lactobacillus acidophilus* NCFM（Danisco）。優良配方為多種益生質與 19 種酵素之混合物

乳酸菌應用於食品的條件

　　乳酸菌在提供給人類食用之前，必須符合幾項特性，以便在製造和食品加工的過程中不至於流失本身的特性及益生功能，而且也不會產生不適的氣味或變質。乳酸菌必須能夠安然的通過腸胃道，而仍能保持其活性，並且要能在腸道的環境中表現良好。

篩選食品用乳酸菌株應注意事項

　　使用於人類保健食品的菌株：

- 最好是篩選自人類。
- 必須篩選自健康個體的腸道。
- 必須沒有致病性。
- 不會引起腸胃道的不適，例如引起腸炎或腹瀉。
- 沒有攜帶轉殖基因。

　　篩選出的乳酸菌必須要能符合下列條件才可用於食品：

- 耐酸及耐膽鹽（此為能在小腸中存活的重要條件）。
- 必須具有附著在上皮細胞表面的能力，而且可以在腸道中定殖。
- 於人類腸道之持久性。
- 產生抗菌物質。
- 對致癌及致病菌細菌具拮抗性。
- 食品及臨床使用具安全性。
- 臨床評估確認具保健功效。
- 人體來源。

　　其詳細情形示如**圖 10**。學者建議益生菌應有的上述 8 個特點中，NTU 101 具備 7 項，只欠缺於人類腸道之持久性（persistence data）。（J Biotech (2000) 84: 197-215.）

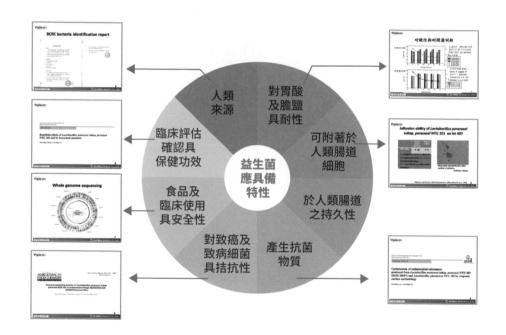

圖 10 益生菌使用於食品應具備的特性

資料來源：J Biotech (2000) 84: 197-215. 及參考發表論文整理

| 第四章 |

存在腸道中的菌株
與乳酸菌

　　人體的腸道中存在有 400 多種不同的菌株，每克糞便中的總菌量達到千億個，菌體之間存在共生或互利共生的關係。雖然健康個體中的腸道菌相幾乎是穩定的，但是菌相仍有可能因為一些外在因素而改變，例如：年齡、生理狀況、藥物、疾病、飲食與壓力等。

　　腸道中的菌株種類多數目也多，但以對人們健康關係分類，不外是好菌與壞菌。**圖 11** 是腸道好菌與壞菌最直接的表示法。好菌好在哪裡，壞菌又是因何原因被打入黑類，我們又如何控制飲食上使好菌增多壞菌減少，在以後章節再與各位討論。

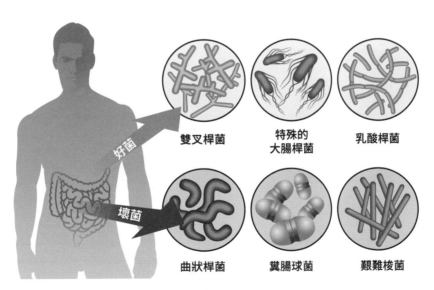

好菌

雙叉桿菌　特殊的大腸桿菌　乳酸桿菌

壞菌

曲狀桿菌　糞腸球菌　艱難梭菌

圖 11 腸道中的好菌與壞菌

資料來源：https://www.thailandmedical.news/news/study-confirms-gut-microbiota-imbalance-(dysbiosis)-linked-to-onset-of-colorectal-cancer

存在大腸中的雙歧桿菌及乳酸菌
可幫助保持個體健康

　　腸道菌相的變化經常是沒有規則的，例如當大腸中的好菌雙歧桿菌（或稱雙叉桿菌，*Bifidobacteria*）的數量逐漸減少或消失，相對的大腸桿菌或壞菌產氣莢膜梭菌（*Clostridium perfringens*）的量就會上升。雖然這些改變推測是因為年齡增加的關係，但是這些改變也可能會加速個體的衰老。這些證據顯示，存在大腸中的雙歧桿菌及乳酸菌（*Lactobacteria*）可以幫助保持個體健康。換句話說，大腸中的雙歧桿菌菌及乳酸菌數可以作為個體健康與否的一個重要指標。

　　圖 12 為臺灣大學潘子明教授從嬰兒腸道中分離，具有多重保健功效乳酸菌 *Lacticaseibacillus paracasei* subsp. *paracasei* NTU 101（以下簡稱 NTU 101）之電子顯微鏡照相圖及於平面培養基（petri dish）上之菌落（colony）圖。

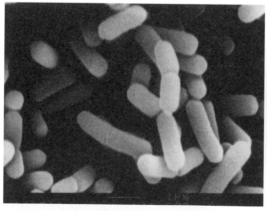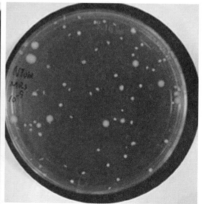

圖 12 具有多重保健功效乳酸菌 *Lacticaseibacillus paracasei* subsp. *paracasei* NTU 101 之電子顯微鏡照相圖（左圖），菌體呈長桿狀，長度約為 2-3 μm；右圖為菌落型態圖，表面光滑、乳白色、圓形，中央凸起。

為了要確認 NTU 101 的安全性，我們也做了 NTU 101 的全基因定序，驗證在其序列中無毒性基因序列存在（**圖 13**）。

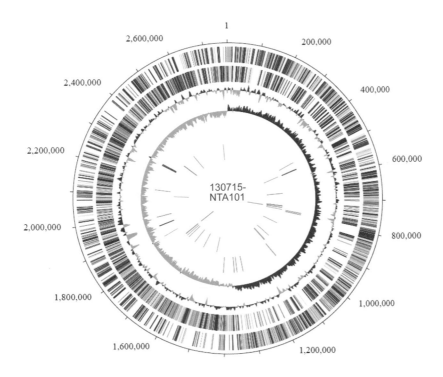

圖 13 NTU 101 菌株之全基因定序（註冊號碼：NZ_NPOB00000000.1；連結：https://www.ncbi.nlm.nih.gov/nuccore/NZ_NPOB00000000.1）

| 第五章 |
乳酸菌新分類法

　　乳酸桿菌屬（*Lactobacillus*）是一群具有發酵牛乳等基質能力、其為兼性厭氧、不會產生孢子的革蘭氏陽性桿菌。截至 2020 年 3 月止，共有 261 個標準菌種被正式發表新命名法，如嗜酸乳酸桿菌（*Lactobacillus acidophilus*）。

　　乳酸菌分類學專家們於國際原核生物分類系統委員會管轄的《國際系統與進化微生物學期刊》（International Journal of Systematic and Evolutionary Microbiology）於 2020 年 4 月發表有關乳酸桿菌屬菌種學名分類變更的重大公告（Zheng et al. Int J Syst Evol Microbiol. (2020) 70: 2782-2858.）。

乳酸桿菌屬、副乳桿菌屬和 23 個新屬

　　根據全基因體定序資訊，包括 core genome phylogeny、(conserved) pairwise average amino acid identity、clade-specific signature genes 以及微生物體的生理指標（physiological criteria）和生態學，將乳酸桿菌屬重新分類成乳酸桿菌屬、副乳桿菌屬（*Paralactobacillus*）和 23 個新屬。目前 261 個菌種只剩 38 個菌種仍然分類在乳酸桿菌屬。

　　食品工業發展研究所生物資源中心就國際菌種學名分類之科學研究現況，整理原使用的乳酸菌學名、更新後新學名、學名縮寫及亞種群，供外界參考使用（詳見表 4），該中心並承諾隨時掌握國際相關法規對於乳酸菌學名變革的發展脈動，適時提出專業建議與政府管理部門進行討論，以順應國際科學與法規發展。

表 4 較常使用之乳酸桿菌屬菌種學名變更對照表

原學名 Current name	新學名 New name	學名縮寫 Abbreviation
Lactobacillus acidophilus	無變更	*L. acidophilus*
Lactobacillus brevis	*Levilactobacillus brevis*	*L. brevis*
Lactobacillus delbrueckii subsp. *bulgaricus*	無變更	*L. delbrueckii* subsp. *bulgaricus*
Lactobacillus delbrueckii subsp. *delbrueckii* [§]	無變更	*L. delbrueckii* subsp. *delbrueckii*
Lactobacillus delbrueckii subsp. *lactis*	無變更	*L. delbrueckii* subsp. *lactis*
Lactobacillus casei	*Lacticaseibacillus casei*	*L. casei*
Lactobacillus crispatus	無變更	*L. crispatus*
Lactobacillus fermentum	*Limosilactobacillus fermentum*	*L. fermentum*
Lactobacillus gasseri	無變更	*L. gasseri*
Lactobacillus helveticus	無變更	*L. helveticus*
Lactobacillus kefiri	*Lentilactobacillus kefiri*	*L. kefiri*
Lactobacillus paracasei subsp. *paracasei* [§]	*Lacticaseibacillus paracasei* subsp. *paracasei*	*L. paracasei* subsp. *paracasei*
Lactobacillus plantarum subsp. *plantarum*	*Lactiplantibacillus plantarum* subsp. *plantarum*	*L. plantarum* subsp. *plantarum*
Lactobacillus reuteri	*Limosilactobacillus reuteri*	*L. reuteri*
Lactobacillus rhamnosus	*Lacticaseibacillus rhamnosus*	*L. rhamnosus*
Lactobacillus salivarius	*Ligilactobacillus salivarius*	*L. salivarius*
Lactobacillus pentosus	*Lactiplantibacillus pentosus*	*L. pentosus*
Lactobacillus johnsonii	無變更	*L. johnsonii*
Lactobacillus paraplantarum	*Lactiplantibacillus paraplantarum*	*L. paraplantarum*

灰底表示修改為乳酸桿菌屬新學名。[§] 表示可區分成亞種。*Lactobacillus delbrueckii* 區分成 6 個亞種（subspecies）：*Lactobacillus delbrueckii* subsp. *bulgaricus*、*Lactobacillus delbrueckii* subsp. *delbrueckii*、*Lactobacillus delbrueckii* subsp. indicus、*Lactobacillus delbrueckii* subsp. *jakobsenii*、*Lactobacillus delbrueckii* subsp. lactis 及 *Lactobacillus delbrueckii* subsp. *sunkii*。*Lacticaseibacillus paracasei* 區分成 2 個亞種：*Lacticaseibacillus paracasei* subsp. *paracasei* 和 *Lacticaseibacillus paracasei* subsp. *tolerans*。

提供 3 個查詢網址協助讀者容易查詢乳酸桿菌屬所有菌種相對應的新學名和其菌種分類資訊：

- http://lactobacillus.ualberta.ca/
- http://lactotax.embl.de/wuyts/lactotax/
- http://lactobacillus.uantwerpen.be

由於新分類的菌株名稱與原來名稱變動頗大，目前產業界仍在觀望中，各類乳酸菌產品使用的菌株名稱現在舊名稱與新名稱均被使用，但參考食品藥物管理署之資料，已使用新名稱。畢竟乳酸菌分類學專家們已於國際原核生物分類系統委員會公布新名稱，新名稱取代舊名稱應是一種新趨勢，本書使用之菌名已以新名稱稱呼。

| 第六章 |

益生菌、益生質、合生質與後生質

　　根據 1991 年學者 Huis in't Veld 及 Havenaar 所提出定義：凡應用至人類或其他動物，藉由改善體內微生物菌相平衡，有益於宿主之活菌，不論是單一或混合菌株均可視為益生菌（probiotics）。

　　1995 年學者 Gibson 及 Roberfroid 提出：不能被人們消化的食物原料，而能選擇性刺激腸道內一種或數種微生物的生長與活性，進而對人類宿主產生有益的效用以改善宿主的健康，此類物質則稱為益生質（prebiotics）。如低聚異麥芽糖、低聚果糖、低聚半乳糖、低聚木糖、海藻糖等均為益生質。益生質也有人稱為益生元。

　　為增進人類健康、改善腸道菌相，人們可能服用含益生菌之食品，如發酵乳或含乳酸菌之膠囊或錠劑，也可能服用同時含益生菌與益生質之產品，如此一來腸道益生菌可利用益生質而生長得更好。

　　此外為避免益生菌通過胃腸道時受到胃腸道內胃酸或膽鹽之破壞，常將乳酸菌外面以蛋白質等物加以包埋，當然包埋會增加加工成本，若菌株耐酸耐膽鹽能力夠強，則可不必包埋而降低生產成本，但保健功效並不受影響。**圖 14** 左圖表示以蛋白質包埋乳酸菌的情形，右圖則顯示益生菌於益生質上生長之情形。

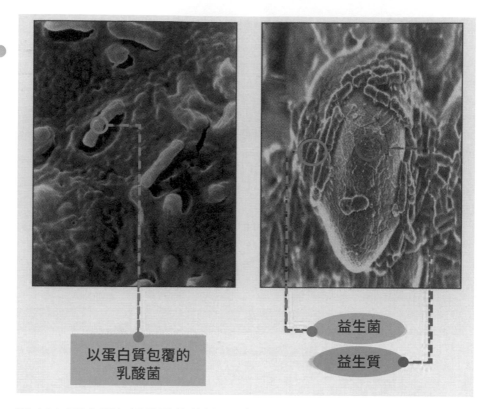

圖14 以蛋白質包埋乳酸菌的情形（左圖），益生菌於益生質上生長之情形（右圖）

含益生菌與益生質的合生質更能發揮保健功效

　　在討論益生菌時，除了上述益生菌與益生質外，合生質（synbiotics）與後生質（postbiotics）亦是常被提到的名詞。合生質係指一種製劑或產品中包含有益生菌與益生質，益生質提供食物給益生菌，使其生長順利，則更能發揮益生菌的保健功效。

耐高溫的後生質雖不含活菌但仍具保健功效

　　相對於益生菌定義已明白說明必須為活菌，然在益生菌發酵後，其菌體成分或發酵所產生之代謝物，常有可耐高溫之活性物質，在發酵液滅菌後仍能穩定存在，也就是說不含活菌之菌體成分或代謝產物仍會有保健功效。此部分可耐高溫處理仍能發揮保健功效之成分稱為後生質，如死菌之胞外多醣（exopolysaccharide, EPS）具免疫功效，即可稱為後生質。由於益生菌是活菌，產品常會因常溫或高溫貯存而失去活性，除了篩選耐高溫之嗜熱菌外，後生質之研發、應用亦是可以考慮的途徑。

可使用於食品乳酸菌正面表列菌株之整理表

　　臺灣衛生福利部對可用為保健食品之乳酸菌株管理的很謹慎，訂有正面表列名單以供食品業者遵循，希望不要使用有安全疑慮的菌株，以免消費者受害。我們為求乳酸菌產品之國際化，乃更進一步將中國大陸、臺灣、加拿大與歐盟等各管理單位，正面表列乳酸菌菌株整理成一個非常完整的圖表（**圖 15**），以供讀者及擬出口乳酸菌產品到世界各地區之生技業者參考。

　　由此整理圖表，我們可以知道臺灣的管理比加拿大與歐盟都要來得嚴格。

攸關健康：全世界都重視的益生菌

歐盟
加拿大
臺灣

中國

雙歧桿菌屬
青春雙歧桿菌
動物雙歧桿菌（乳雙歧桿菌）
兩歧雙歧桿菌
短雙歧桿菌
嬰兒雙歧桿菌
長雙歧桿菌

乳桿菌屬
嗜酸乳桿菌
乾酪乳桿菌
德氏乳桿菌
　　德氏乳桿菌保加利亞亞種
　　德氏乳桿菌乳亞種
發酵乳桿菌
格氏乳桿菌
瑞士乳桿菌
約氏乳桿菌
副乾酪乳桿菌
植物乳桿菌
羅伊氏乳桿菌
鼠李糖乳桿菌
唾液乳桿菌

鏈球菌屬
嗜熱鏈球菌

乳桿菌屬
捲曲乳桿菌

＋

芽孢桿菌屬
凝結芽孢桿菌
枯草桿菌 / 納豆菌

乳桿菌屬
短乳桿菌
開菲爾乳桿菌
副植物乳桿菌
戊醣乳桿菌

乳酸球菌屬
乳酸乳球菌
　　乳酸乳球菌乳脂亞種
　　乳酸乳球菌
　　乳酸乳球菌乳亞種丁二酮變種

明串珠菌屬
腸膜明串珠菌
　　腸膜明串珠菌乳脂亞種

丙酸桿菌屬
費氏丙酸桿菌
謝曼丙酸桿菌
有孢子乳桿菌
菊糖有孢子乳桿菌

鏈球菌屬
唾液鏈球菌
　　唾液鏈球菌啃熱亞種

圖 15 中國大陸、臺灣、加拿大與歐盟可用於食品乳酸菌正面表列之乳酸菌名單

乳桿菌屬

解澱粉乳酸桿菌
澱粉乳桿菌
布氏乳桿菌
棒狀乳桿菌
香腸乳桿菌
鎵乳桿菌
希氏乳桿菌
馬乳酒樣乳桿菌
粘膜乳桿菌
麵包乳桿菌
龐氏乳桿菌
鼠李糖乳桿菌
舊金山乳桿菌

明串珠菌屬

檸檬明串珠菌
乳明串珠菌
假腸膜明串珠菌

酒球菌屬

酒類酒球菌

片球菌屬

乳酸片球菌
戊醣片球菌

酵母屬

優貝酵母菌
釀酒酵母菌
釀酒酵母布拉亞種
巴氏酵母菌

+

Carnobacterium
廣布肉毒桿菌

棒狀桿菌屬
產氨棒狀桿菌
麩胺酸棒狀桿菌

乳桿菌屬
動物乳桿菌
消化乳桿菌
鳥乳桿菌
纖維二糖乳桿菌
丘狀乳桿菌
糊精乳桿菌
L. diolivorans
L. parafarraginis
酒乳桿菌

巴斯德氏菌屬
巴斯德桿菌

片球菌屬
P. parvulus

芽孢桿菌屬
液化澱粉芽孢桿菌
嗜酸芽孢桿菌
克勞氏芽孢桿菌
彎曲芽孢桿菌
紡錘芽孢桿菌
緩慢芽孢桿菌
地衣芽孢桿菌
巨大芽孢桿菌
莫哈維芽孢桿菌
短小芽孢桿菌
斯密氏芽孢桿菌
死穀芽孢桿菌
貝萊斯芽孢桿菌

土芽孢桿菌屬
嗜熱脂肪土芽孢桿菌

類芽孢桿菌屬
伊利諾類芽孢桿菌

Parageobacillus
P. thermoglucosidasius

貪銅菌屬
鉤蟲貪銅菌

葡糖酸桿菌屬
氧化葡糖酸桿菌

駒形氏桿菌屬
K. sucrofermentans

黃單胞菌屬
野油菜黃單胞菌

柱狀假絲酵母
嗜鹽酵母菌
葡萄有抱漢遜酵母

克魯維斯酵母
乳酸克魯維斯酵母
馬克斯克魯維酵母

Komagataella
K. pastoris
K. phaffii
Lindnera jadinii
Ogataea angusta
粟酒裂殖酵母
Wickerhamomyces anomalus
紅發夫酵母
解脂耶氏酵母
魯氏接合酵母

以破囊壺菌
細小裸藻
周氏扁藻

資料來源：Qualified presumption of safety（QPS）；The list of QPS status recommended biological agents for safety risk assessments carried out by EFSA；臺灣衛生福利部食品藥物管理署消費者專區可供食品使用原料彙整一覽表；中國食品法規中心；Health Canada Probiotics Monograph

| 第七章 |

能促進健康與治癒疾病的
天然腸道菌群新發現

傳統益生菌的應用範圍

前文述及「人類免疫學之父」梅契尼可夫發現了保加利亞老年人的健康及壽命受益於經常食用發酵乳製品，故後來的學者提出「益生菌」一詞，指的就是「有益健康的細菌」。由於腸道菌群組成改變，會造成細菌多樣性和穩定性降低以及促炎細菌數目升高，故目前研究認為腸道菌群失衡可造成慢性炎症相關疾病發展。

慢性炎症不僅發生在腸道，亦會發生在人體全身的器官。導致腸道菌群失衡的因素包括不當的飲食、不良的生活習慣、藥物（尤其是抗生素）的使用、大環境衛生的變化、甚至是剖腹生產等，若給予適量且適當的益生菌，能改善與腸道菌群失調和腸漏症等相關疾病。

次世代益生菌之發展應運而生

傳統的益生菌以乳酸桿菌屬、雙歧桿菌屬、鏈球菌及酵母菌為主，它們可以改變腸道生態系統，產生抗氧化代謝產物來抵抗發炎。先前研究指出，傳統益生菌似乎可以減少包括肺炎在內的感染併發症，並可能降低重症病患的死亡率，但對於臨床上預防

方面的用途，卻不是那麼明確。

近期發現天然腸道菌群（gut microbiota）在促進健康以及治療疾病之助益，在全球獲得了極大關注。

許多研究顯示：腸道菌相的變化與許多疾病密切相關，像是結腸炎（colitis）、代謝症候群（metabolic syndrome）、糖尿病、心血管疾病（cardiovascular disease, CVD）、癌症以及神經退化性疾病（Sidhu and van der Poorten, 2017）。

這要歸功於今日有更好的培養技術、基因組與宏基因組定序工具與生物資訊學平臺的快速發展，對人類腸道微生物組成、結構和功能有更深入的了解，並發現更多之前未發覺之厭氧菌（在無氧狀態下長得更好），能夠促進健康，甚至可以治療疾病。

為了進一步選擇針對各種疾病的預防與治療所開發的益生菌，以進行疾病之預防及治療，次世代益生菌乃應運而生。

| 第八章 |

次世代（二代）益生菌的定義與使用限制

次世代（二代）益生菌的定義與菌群

　　從腸道中被發現的有益厭氧菌稱為次世代益生菌（next generation probiotics, NGPs）或二代益生菌。

　　次世代益生菌係藉由微生物體定序分析確定的活的微生物，當給予足夠的量，會促進宿主健康（Martín and Langella, 2019），適用於預防、治療或治癒人類疾病且並非為疫苗（O'Toole et al., 2017），包含普雷沃氏菌（*Prevotella copri*）、黏蛋白艾克曼氏菌（*Akkermansia muciniphila*）、普拉梭菌（*Faecalibacterium prausnitzii*）、多形擬桿菌（*Bacteroides thetaiotaomicron*）、脆弱擬桿菌（*Bacteroides fragilis*）等（Chang et al., 2019）。

　　長庚大學醫技系賴信志教授提醒：「由於次世代益生菌可作為藥物以治療特定疾病，因此使用次世代益生菌需比傳統益生菌更為嚴格，必須全面了解其安全性、宿主生理、基因組和代謝組學特徵、藥物敏感性模式、耐藥基因轉移可能性以及可能潛在毒力因子。此外，還必須使次世代益生菌能與宿主相互作用以維持腸道功能完整性和宿主生理穩定。」

學術研究如火如荼 應用於產業仍有一段路

次世代益生菌在培養上的限制，也使其應用於產業增加不少難度。保守估計使用次世代益生菌於產業上，包括保健食品與醫療應用，應至少需要 5 至 10 年。當然其在學術研究上現在正是熱門的時候。然而必須學術研究有具體成果，又在安全與倫理上被民眾接受，才可能應用於產業生產應用。

臺灣幾個大學的研究學者，對次世代益生菌的研究已如火如荼的進行。科技部補助計畫中，次世代益生菌研究佔很大比率。希望儘快能有可以轉譯為產業的研發成果，讓臺灣在益生菌的研究應用，能保持世界領先的地位。

【益生菌市場／醫藥應用／研究趨勢】

| 第九章 |

健康之鑰：益生菌的醫藥應用與研究趨勢

依年代分類，益生菌的醫藥應用與研究趨勢敘述如下：

(1) 1915 年美國學者 Daviel Newmam 首次使用乳酸菌治療膀胱感染，為乳酸菌在臨床上的應用奠定了基礎。

(2) 1919 年，西班牙商人艾薩克·卡拉索（Isaac Carasso）受到梅契尼可夫的啟發，在巴塞隆納設立了優酪乳製造工廠（也就是現今達能公司），據說最初的目的是為了幫助治療幼兒腹瀉。

(3) 1950 年代，乳酸菌藥品表飛鳴上市，此為在日本登記為腸胃藥之產品，後表飛鳴公司將產品委託給武田販售，並於1987年用3種乳酸菌（比菲德氏菌、糞鏈球菌、嗜酸乳桿菌）做出新表飛鳴。目前該產品在臺灣仍在市面上販售。

(4) 成功大學徐瑋萱教授團隊的研究也證實：以糞便微生物移植方式，確實可以改善阿茲海默基因轉殖鼠之學習記憶能力（2022 年楊雅淳碩士論文）。

(5) 臺大醫院神經及腦血管病科主治醫師林靜嫻指出，現在的研究發現腸道中竟然也會產生路易氏體，這種變性蛋白質凝結體被認為與巴金森氏症有關，以往大家認為它只會存在於大腦中，殊不知它可能透過迷走神經在病人發病前的 1、20

年，就開始攻擊腦細胞。

(6) 臺大醫院北護分院胃腸肝膽科主治醫師吳偉愷指出，研究人員發現造成血管阻塞的動脈血栓裡有有多種細菌的 DNA，而次世代定序結果顯示，這些細菌可能來自於口腔或腸道。這也似乎意味著腸道菌與心血管疾病密不可分。

雖然我們現在仍不能百分之百地確認所有的疾病都源自於腸道，但截至目前為止，全球已有愈來愈多的研究發現，以前認為源於腦部、心血管等的諸多疾病，都有極大的可能跟腸道脫離不了關係。

不可輕忽的嚴重傳染病：艱難梭菌

艱難梭菌原來的學名為 *Clostridium difficile*，2016 年改稱為 *Clostridioides difficile*，其顯微鏡照相圖如圖 **16** 所示。艱難梭菌於 1935 年被 Holl & O' Toole 發現，但直到 1977 年得知其與臨床長期使用

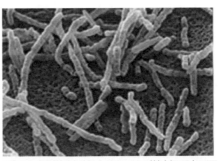

圖16 艱難梭菌之電子顯微鏡照相圖

某些抗生素引起的偽膜性結腸炎有關，方被重視。艱難梭菌廣泛分布於自然環境及水和動物的腸道中。艱難梭菌感染是一種每年在美國導致 29,000 人死亡的嚴重傳染病。

艱難梭菌會產生腸毒素和細胞毒素，是一種能引起偽膜性結腸炎的厭氧梭菌屬細菌，也是一種導致住院病人腹瀉的常見細菌，病徵為由輕度至嚴重的腹瀉。

■ 艱難梭菌之感染與抗生素治療

艱難梭菌可定殖於人體腸道而不出現症狀，因為腸道正常菌叢可抑制其生長，但當大量使用廣譜抗生素（如頭孢菌素），則會殺死正常菌叢，使艱難梭菌大量增生並產生毒素，導致腹瀉、噁心、發燒，甚至導致偽膜性結腸炎及毒性巨結腸症（toxic megacolon）致死。

早期艱難梭菌之治療全靠抗生素治療。通常使用抗生素甲硝唑（metronidazole）、萬古黴素（vancomycin）或非達索黴素（fidaxomicin）治療，但極易重複感染。近期發現以糞便微生物移植（faecal microbiota transplant, FMT）作為治療手段會有更好的效果且副作用更少。（資料來源：維基百科）

■ 益生菌治療與糞便菌群移植

益生菌可預防由抗生素治療所引發之微生物菌叢失調，且有助於微生物菌叢之恢復（Reid et al., 2011），故亦曾被用於艱難梭菌感染之治療，但此種服用益生菌以治療艱難梭菌感染的效果不是很好，現在已很少使用。

有一種特殊的治病方式，稱為「以糞治病」，聽起來很不可思議，是嗎？

1697 年，德國御醫 Franz Paullini 所著的《Heilsame Dreck-Apotheke》一書中，曾提到「借糞治病」，這是最早的記錄。1958 年，美國科羅拉多大學（University of Colorado）醫學院外科醫生本・艾斯曼（Ben Eiseman），報告了透過糞便灌腸為 4 名患者治療威脅生命的腸道感染的案例。

2013 年 Nieuwdorp 醫師將患者兒子的糞便混合物直接注

射入患者的十二指腸，透過腸道菌群的取代，治癒了艱難梭菌導致的腸道疾病，此即為所謂的糞便菌群移植。

2012 年麻省理工學院教授 Mark Smith 創辦「糞便銀行」OpenBiome，專門負責收集、檢測糞便，為美國 122 家醫院供應糞便菌群移植樣本。

糞便菌群移植係將健康捐贈者的糞便細菌和天然的抗菌物質轉移到病人身上以達到治病的目的。糞便菌群移植曾被稱為「糞便細菌療法」、「糞便移植」、「糞便灌注」及「人類益生菌滴注」。由於糞便菌群轉移實際上是轉移捐贈者的整個微生物體，而不是個別種類或組合的細菌，這些名稱現在都被新名詞「糞便菌群移植」所取代。

在對抗生素治療無效或抗生素治療後復發的病人，糞便菌群移植的顯效率達 85% 至 90%。大部分患者只需一次糞便菌群移植便能治癒。2009 年的一份研究指出糞便菌群移植是高效且簡單可行的治療方案，而且比持續處方抗生素更具成本效益，細菌耐藥性的發生機率更低。

然而由於糞便菌群移植和常規療法相比相當的不尋常、且具侵入性，被認為具感染風險、曾不被專科醫學學會認可，並無法獲得保險理賠，這種療法一度被醫護人員認為是非不得已的「最後手段」。但 2010 年後，糞便微生物移植逐漸成為治療艱難梭菌感染的標準療法，並可獲得美國聯邦醫療保險的理賠。對於出現臨床症狀惡化或嚴重復發的艱難梭菌感染者，目前有倡議用內視鏡施行的糞便菌群移植作為一線療法。

糞便菌群移植的急性副作用不多，但仍然需要進一步研究才能完全瞭解。常見的副作用有：細菌侵入血管、發燒、加劇腸躁

綜合症病人的症狀、輕微和短暫的消化道不適如脹氣、腹瀉、蠕動紊亂、腹脹、腹痛、便秘、絞肚子及噁心。

糞便菌群移植療法可透過灌腸、結腸鏡、胃喉、十二指腸喉或口服膠囊施行，最簡單的做法是收集新鮮糞便，用杵臼或攪拌機打漿再灌腸或用管道輸送給病人。然而，攪拌機可能會導致糞便內的微生物暴露於大氣之中，使厭氧菌死亡。此外，劇烈攪拌所造成的氣霧化會導致環境污染，進而危害醫護人員。

不同的文獻所記載的移植分量由 30 至 100 克不等。於 6 至 8 小時內完成製備的新鮮糞便被指有助提高細菌的存活率。樣本通常會用生理鹽水或 4% 牛奶稀釋 2 至 2.5 倍。

茲將文獻上對糞便移植之詳細圖說示如**圖 17**。先收集健康菌群提供者之糞便，將健康菌群提供者之檢體由直腸移植進入感染艱難梭菌病患之腸道，在接受健康者菌群檢體後，患者之腸道重新建立健康的腸道菌群，使病患恢復健康。（資料來源：維基百科）

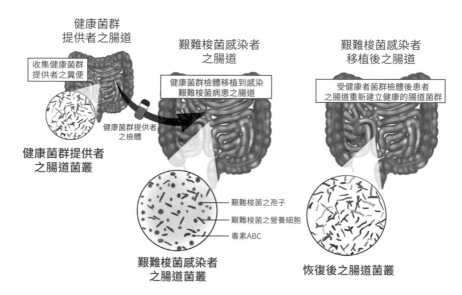

圖 17 文獻上對糞便菌群移植之詳細圖說
資料來源：Sadowsky and Khoruts, 2016.

益生菌相關研究為本世紀最熱門的研究題材

正因為很多研究指向腸道是健康的解答，因此全球各地對益生菌相關的研究也如火如荼地進行。2016 年，美國人腸道計畫（American Gut Project）向美國民眾募集糞便，蒐集美國民眾腸道裡的微生物數據，由於大家都認同此研究方向，臺灣及許多國家也相繼跟進。（詳見附錄 3）

2016 年由美國白宮所推動之國家微生物體（microbiome）計畫，乃對微生物體如何影響人體健康進行大規模之研究。2017 年微生物體被評選為最具潛力的醫療創新技術。短短兩年，創投基金投入微生物體產業基金超過 10 億美元。在臺灣也是科技部列為研究重點之對象。

根據統計，每年發表之益生菌學術論文數目（以微生物叢 microbiota 名詞搜尋）急遽增加，在 2001 年前均低於百篇，2001 至 2011 年間增至每年千篇，在 2020 年已突破每年發表萬篇以上 (圖 18)，有關益生菌研究論文的數量，是以幾何級數在增加。益生菌包括乳酸菌及非常少量的酵母菌，99% 以上的益生菌均為乳酸菌。

Ferring Pharmaceuticals 公司推出新的糞便菌群移植產品

Ferring Pharmaceuticals 公司推出之 REBYOTA 糞便菌群移植產品在 2022 年 11 月 30 日由美國 FDA 批准，是全球首個基於微生物體治療之產品。此產品用於預防 18 歲以上個體發生復發性艱難梭菌感染（recurrence of *Clostridioides difficile* infection, rCDI）。此產品已通過 5 個總人數 1,000 人的臨床試驗。

攸關健康：全世界都重視的益生菌

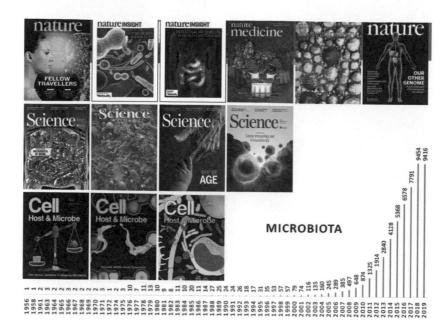

圖 18 每年發表微生物叢（微生物菌群，主要為益生菌）之學術研究論文由 1956 年的每年一篇開始，到 1976 年突增加到十篇以上，2001 年起超過百篇，2011 年突破千篇，在 2020 年已成為每年發表萬篇的爆炸性熱門題材

資料來源：Nature Website

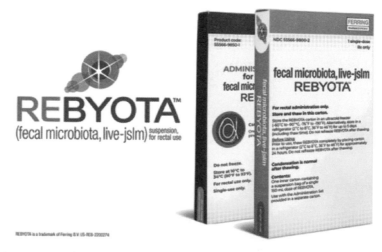

圖 19 Ferring Pharmaceuticals 公司於 2023 年在美國推出糞便菌群移植之新產品

資料來源：https://www.businesswire.com/news/home/20230214005018/en/

REBYOTA 產品 **(圖 19)** 是屬於糞菌菌群移植的產品，經由直腸給予單劑量 150 mL 富含 Bacteroides 等 5 種微生物、總菌數達一兆之懸浮液。其在診所只需幾分鐘即可完成治療。

Seres Therapeutics 公司 2023 年推出產品 VOWST

微生物組（microbiome）治療公司 Seres Therapeutics，開發出一種新型的多功能細菌聯合體（bacterial consortia），旨在與宿主細胞和組織進行功能性相互作用，來治療因微生物組功能缺陷導致的疾病。這項產品 2023 年 4 月 26 日由美國 FDA 批准，是全球第一個口服糞便微生物藥物 VOWST **(圖 20)**，預防 18 歲以上個體發生復發性艱難梭菌感染 (recurrence of Clostridioides difficile infection, rCDI)。預計 2023 年 6 月上市。

此種藥物每天口服 1 次 4 粒膠囊，需連續服用 3 天。此 VOWST 藥劑 1 個療程價格為美金 17,500 元。

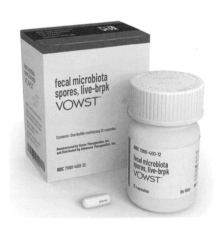

圖 20 首個口服微生物組療法
資料來源：https://news.bioon.com/article/e3c2e45179c0.html

| 第十章 |

全世界都在正成長的
益生菌市場

　　益生菌發酵產品是保健食品中最被民眾接受的產品，醫生對益生菌的接受度也應是所有保健食品最高的項目之一。

　　全球益生菌的市場由 2018 年的 471 億美元，預計年成長率為 6.8%，到 2026 年將達到 783 億美元（**圖 21**）。

783 億美元

圖 21 全球益生菌的市場成長：2018 年全球益生菌的市場為 471 億美元，預計將以年成長率 6.8% 成長，到 2026 年將達到 783 億美元

資料來源：https://www.reportsanddata.com/report-detail/probiotics-market

美國益生菌市場

美國消費者營養認知委員會（Council for Responsible Nutrition's Consumer）統計得知：美國 35 至 54 歲女性消費者為益生菌最大的消費族群，其次則為 18 到 24 歲的男性。該會也由統計得知：35 至 54 歲消費者在 2015 年到 2019 年使用益生菌之比率由 13% 增加到 19%。

根據 Information Resources IncR（IRI）統計，全美國有 400 萬人使用過益生菌，而他們對益生菌的認知，也已由傳統的益生菌只對消化有所助益，更深層的瞭解如果能維持腸道菌相平衡，其對全身均有益處，包括增強免疫、更能提升其對消化道與腦部器官健康之促進作用。由於大家對益生菌有了更深入的認識，2019 年消費者營養認知委員會所做的調查顯示：有 75% 的膳食補充劑使用者對益生菌的安全性與品質極具信心。

在美國益生菌之用途大多用於食品與飲料，使用百分比約85%，膳食補充劑約為 12%，僅微量用為動物飼料添加劑（**圖22**）。

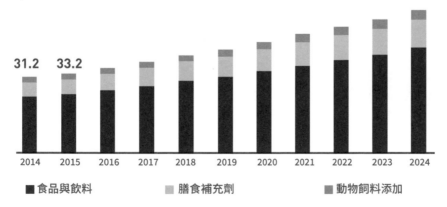

圖 22 美國市場益生菌產品趨勢（億美元）

資料來源：https://www.grandviewresearch.com/industry-analysis/probiotics-market

日本益生菌市場

如果要說哪個國家是亞太地區益生菌之領先者，日本應當之無愧。在日本，發酵乳、優酪乳、優格等產品在市面上隨處可見，除了這類功能性食品與飲料，日本的益生菌產品還有一大類是以營養補充品和動物飼料的類型呈現，可以在超市、專賣店、便利商店、甚至是自動販賣機便利地購得。

有相當大比例的日本消費者擁有定期補充腸道菌群的習慣，益生菌的營養補充劑是該國增長最快的領域之一。市場調查機構Mordor Intelligence 預測，2019 至 2024 年日本益生菌市場將達到 112.3 億美元，複合年增長率為 8.6%。

中國益生菌市場

中國益生菌市場雖起步較晚，然而產品的市場需求近年來也急劇增加，各個單位針對這個產業的估計數據雖略有差異，但從中確實可以看出中國市場發展之樂觀前景。根據「平安證券研報分析」，2017 年中國益生菌市場規模為 553 億元人民幣，預計2022 年將達到 1065 億元，而 Research and Markets 則預測，2022 年中國益生菌產品市場規模將達到 1450 億元人民幣。而根據中國保健品協會資料顯示，2020 年中國國內益生菌市場規模為 879.8 億元人民幣，之後每年會有 11% 至 12% 的增長。2022年，市場規模則達到約 1093.8 億元。

臺灣益生菌市場

臺灣在保健食品的研發水準相當高，尤其是以微生物生產的保健食品，在國際上表現出眾而備受肯定。茲將新竹食品工業發

展研究所每年出版的食品產業年鑑中，有關保健食品之統計資料
說明如下。

　　先以通過衛生福利部健康食品認證之保健食品（即健康食
品）以功效分類之變化情形示如圖 23。從 1999 年開始實施健康
食品認證以來，調節血脂、胃腸功能改善與護肝功效一直是通過
審查案件最多的前三項，其中胃腸功能改善產品幾乎都是以益生
菌為原料生產者。

　　接著以各種原料生產保健食品之產值市如表 5，臺灣保健食品
2021 年的產值共新台幣 845 億元，其中以乳酸菌為原料者占第一
位，年產值達新台幣 61 億（佔比高達 7.22%，遠遠超過第二位樟
芝的 25 億，佔比 2.96%）。在去年審查保健食品類國家品質標章
時，約有 1/3 的產品是以益生菌為原料者，所以以益生菌（乳酸菌）
生產之保健食品在臺灣是非常受消費者肯定的保健食品。

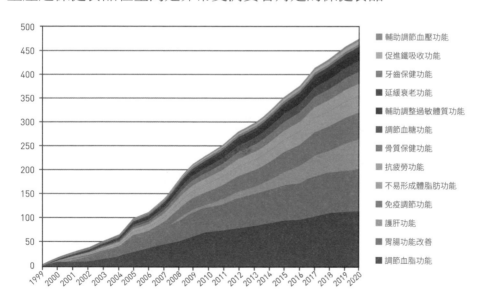

圖 23 臺灣通過衛生福利部健康食品認證之健康食品以功效分類之變化
情形

資料來源：食品工業發展研究所食品產業年鑑

表 5 臺灣 2021 年各種原料生產保健食品之產值
（單位：新台幣億元）

種類	市場規模	種類	市場規模	種類	市場規模
乳酸菌	61	葉黃素	15	蜂王漿（乳）	3
樟芝	25	薑黃	12	冬蟲夏草	3
酵素	24	人參	10	卵磷脂	2
綜合維生素	24	維生素 C	10	酵母菌	2
草本複方產品	23	膳食纖維	8	月見草油	2
膠原蛋白	21	DHA	7	銀杏萃取物	2
靈芝	19	Q10	6	山苦瓜	1
葡萄糖胺	20	巴西蘑菇	4	茶花	1
藻類	17	納豆激酶	4	鯊魚軟骨	1
鈣	17	免疫球蛋白	4	葡萄籽	1
魚油	17	蘆薈	3	甲殼素	1
紅麴	17	蜂膠	3	其他	455
合計			845		

　　乳酸菌研究越多，它的好處更廣為人們知道，以純培養方式製成的食品產品也就更多。下圖是在臺灣販售與乳酸菌有關之食品製品集中的照片。每次到國外演講時，這張圖（**圖 24**）不知道羨煞多少國外友人，在臺灣居然有這麼多乳酸菌製成的食品產品。有冰棒、發酵乳、添加益生菌的奶粉、可爾必思等，真可謂應有盡有。當然製成粉劑的保健食品也是琳瑯滿目。

　　臺灣保健食品中與益生菌相關者比比皆是，2021 年益生菌保健食品之市場產值高達 61 億。而益生菌保健食品中，消費者

圖 24 臺灣市售乳酸菌相關食品

認為最有潛力的功效訴求又為何？我們可以由中華穀類食品工業技術研究所針對臺灣保健食品業者所做的調查結果得知：免疫調節、胃腸道保健與不易形成體脂肪分別占第一至第三名，各有62、58 及 40 家廠商認為最重要（圖 25）。不知道你認為哪個功效對你最重要？

新冠肺炎流行對保健食品市場的影響

從過去研究流感及 SARS 的經驗，科學家們深知要對付新冠肺炎一定不可以忽略腸道菌的角色。香港中文大學黃秀娟教授團隊就發現，感染肺部的新冠病毒居然也能在糞便中找到，證明新冠肺炎病情和腸道菌失衡高度相關（詳見附錄 1）。

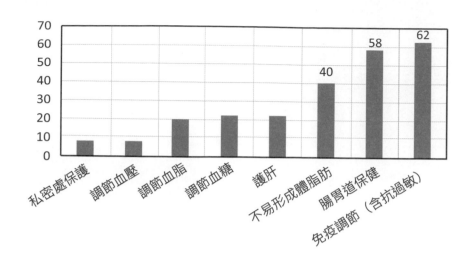

圖 25 臺灣保健食品業者看好未來具潛力乳酸菌株功效分布
資料來源：中華穀類食品工業技術研究所調查報告

　　在新冠肺炎發生前後（2020 年上半年與下半年）臺灣保健食品市場的變化有非常明顯的改變（**圖 26**），而且其因果關係也非常清楚。由於新冠肺炎流行，學校改為遠距教學，學生電腦看太多，所以葉黃素之聲量變化由 15.2% 增加到 41.05%。

　　疫情發生後人們除了眼力需要保養外，體力與睡眠也受到影響，故都被列入疫情時代的三大困擾（**圖 27**）。目前疫情已近尾聲，期盼疫情早日結束，大家都能快快樂樂過日子。也期盼所有益生菌的研究、生產同好，攜手共創益生菌更美好的研究成果與豐碩的產業產值。

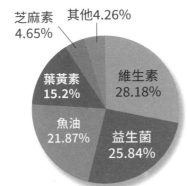
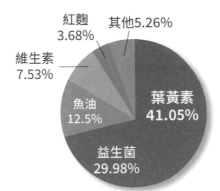

圖 26 2020 年臺灣保健食品聲量變化
資料來源：Kantar 凱度洞察

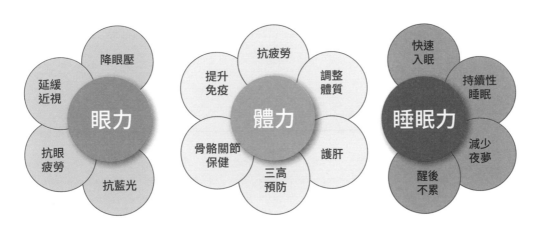

圖 27 疫情發生後臺灣保健品的發展方向（臺灣民眾疫情時代的三大困擾：眼力、體力、睡眠力）
資料來源：Kantar 凱度洞察

PART2

科學實證：
益生菌健康研究室
——益生菌對於 8 大病症的保健研究重點

| 第一章 |

腸道健康：
改善腸道菌相、便秘、
腹瀉型腸炎與
預防胃黏膜損傷等

【本章研究重點摘要】

NTU 101 益生菌之第一代腸道消化功能：

❶ 改善腸道菌相：NTU 101 可使腸道好菌菌數增加、壞菌菌數減少。人體臨床試驗得知，好菌中雙歧桿菌增加為 4.01 倍，乳酸桿菌增加為 4.25 倍。

❷ 增加腸道蠕動、改善便秘：NTU 101 之人體臨床試驗證實腸道蠕動速率增為約 2.25 倍，顯著改善便秘。

❸ 改善腹瀉型腸炎：NTU 101 之人體臨床試驗證實可以緩解嚴重腹瀉情形，使腸絨毛組織恢復正常。

❹ 預防胃粘膜損傷：動物試驗證實 NTU 101 可使胃黏膜損傷指數下降約 50%。

❺ 改善消化道酵素活性：動物試驗得知 NTU 101 可使發酵液中各類消化相關酵素活性增強為 1.89 至 3.21 倍。

總結 NTU 101 益生菌在腸道消化功能方面可以：改善腸道菌相、改善便秘、改善腹瀉型腸炎、預防胃黏膜損傷以及改善消化道酵素活性等 5 項保健功效。

《自然》（Nature）雜誌網站將益生菌的保健功效，依其被研發的先後次序（非為重要性）分為四代：

- **第一代的腸道消化功能**：包括改善腸道菌相失衡、促進腸道屏障回復與預防胃黏膜損傷等，是最早被研究確認者。

- **第二代的免疫調節功能**：包括免疫調節，如增強免疫功能、緩和過敏反應等。

- **第三代的代謝改善功能**：包括調節血脂功能、調節血糖功能、調節血壓功能及控制體重等。

- **第四代的神經精神功能**：包括改善自閉症、改善憂鬱症乃至中風或失智症之神經退化減緩等功能。（圖28）

以上第一代與第二代兩類功能已被充分研究，市場上亦有多種產品販售。

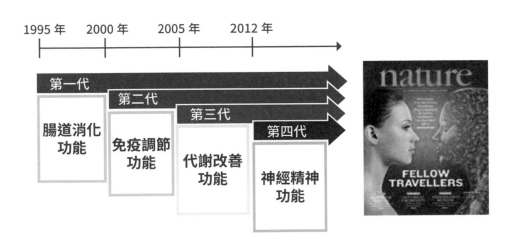

圖28 《自然》（Nature）雜誌網站將益生菌的保健功能依研發進程分為四代：第一代的腸道消化功能；第二代的免疫調節功能；第三代的代謝改善功能以及第四代的神經精神功能。

除了上述四大類功效外，我們做過的研究尚有與牙齒保健相關的齲齒、牙周病的預防保健；骨質疏鬆改善以及癌症化療輔助劑等，在此就把四大類以外的功效列為第五類。以下將依此五大類作個別的介紹。

認識消化道

消化道主導整個人體消化與吸收的工作，所以在介紹益生菌與腸道消化功能前，先來了解消化道。消化道包括口腔、食道、胃、小腸、大腸與肛門。各器官的特性與在體內的相對位置如表6與圖29所示。

口腔是食物的入口，在口腔內靠牙齒不斷咀嚼，可將食物磨碎並與唾液充分混合，利用唾液中之澱粉水解酵素，將多醣的澱粉分解成具有甜味之單醣或雙醣，使我們能嘗到甜味。咀嚼可以促進唾液分泌，使消化更完全，一般建議要多咀嚼，直到嘗到甜味才嚥下去。

食道很短（約30公分），所以食物通過的時間也才30至60秒。胃是分解食物非常重要的器官，為了要充分將食物消化成糜狀，胃內之胃液酸鹼值甚低，藉由胃酸的強酸性，達到消化食物的功能。也因為胃液是強酸性，常會把我們吃進去的益生菌殺死，所以我們在實驗室篩選益生菌時，要把耐胃酸、耐膽鹽當作篩選條件之一。

小腸是消化器官中非常重要的一部分，小腸中有很多纖細的纖毛，根據統計，小腸的總表面積約有3個足球場那麼大。小腸在消化中的重要任務是吸收，靠著那麼大的表面積才能達成目標。此外小腸也是人體與外界接觸面積最大的器官，如果結構上

出問題，也會在免疫上發生巨大影響。此部分留待免疫功能章節再來說明。（請參見本書 P.122）

表 6 人體消化器官之特性

器官	特性	功能
口腔	食物入口	磨碎食物、唾液消化澱粉
食道	30 公分	通過時間 30 至 60 秒
胃	4 公升	胃酸消化食物成食糜狀
小腸	5 至 6 公尺	吸收養分
大腸	1.5 至 2.0 公尺	吸收大部分水分
肛門	糞便出口	

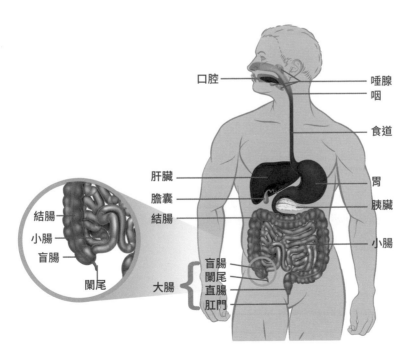

圖 29 人體消化道各器官之相對位置圖

小腸在消化過程中主要擔任吸收養分的工作，又可細分成十二指腸、空腸及迴腸，其消化功能示如表 7。

表 7 小腸各部分之功能

小腸	作用
十二指腸	膽汁及胰液將食物分解成可吸收狀態
空腸	吸收營養分及部分水分
迴腸	吸收營養分及部分水分

消化道內充滿了各種細菌，其數目如表 8 所示，整個腸道含菌量甚多，每公克之含菌數高達 10 兆。胃部因有胃酸故含菌數最少，大腸之含菌數最高。

表 8 人類各種消化道之菌數

器官	菌數
腸道	$>10^{13}$ CFU/g
胃	$<10^{3}$ CFU/g（高酸度）
小腸	$>10^{6-7}$ CFU/mL（低酸度）
大腸	$>10^{11-12}$ CFU/g

註：CFU 全名為 colony forming unit，係假設每株菌在培養基中會形成一個菌落（colony），所以 CFU 也就是菌數。

資料來源：Terese Winslow (2013)

■糞便觀察

消化道因在體內我們不易瞭解其內部狀況，但糞便已經排出體外，是我們消化道的最後總成績，我們總該給予關心。

依照布里斯托糞便分類法（Lewis 及 Heaton 兩位學者於 1997 年所提出），將人體排出糞便分成 7 類，其詳細分類如圖 30 所示：

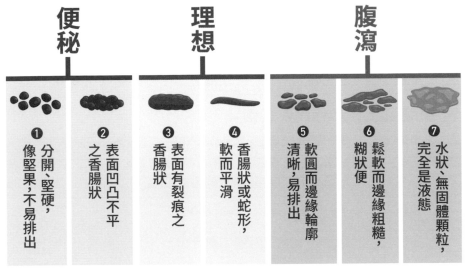

圖 30 布里斯托糞便分類法

上圖由左而右分類法，顯示糞便中的水分含量遞增，前兩種較硬，排便可能會很不容易，尤其第 1 種像「羊咩咩」的大便，因水分含量稀少，排便時須很用力，便便又因水少堅硬，常會傷到肛門而刮傷微血管，故在糞便外層會有血絲。前 2 種糞便顆粒粒粒分明，屬於便秘型。第 3 與第 4 類形狀有點像香蕉形狀，水分含量適中，極容易排出，屬於理想型。第 5 至第 7 類則水分含量過高，常不成形甚至無顆粒狀，是屬於腹瀉型。

當過媽媽的應有經驗，當寶貝兒子或女兒排便完，常會將尿布拿來仔細觀察其形狀、顏色甚至聞聞其味道，以瞭解寶貝的消化狀況。奉勸各位，當排完便要按下抽水馬桶的沖水把手前，也請回頭觀察解便狀況，多關心自己的健康。茲將糞便觀察重點（表 9）以及各種糞便顏色代表意義（表 10）整理如下，以供參考：

表 9 糞便觀察重點

顏色	理想顏色：金黃色、黃褐色
形狀	理想形狀：香腸狀
密度	理想密度：半浮半沉
氣味	氣味不重為佳
便量	理想便量：100 至 300 克（中型香蕉約 100 克）

表 10 各種糞便顏色代表意義

顏色	代表意義
紅色	水便：食物中毒或潰瘍性大腸炎
黑色	上消化道出血：潰瘍、癌變
白色	膽結石、膽道阻塞：膽汁分泌不足、脂肪不能消化
綠色	食物著色：食物來源顏色 非食物著色、無下痢：急性腸炎或食物中毒
鮮紅色	下消化道出血，又分兩類： - 血絲附於糞便外面：痔瘡 - 血絲混於糞便裡面：瘜肉、腸癌

益生菌與腸道菌相改善（又稱腸道微整形）

　　經衛生福利部審查通過健康食品認證的益生菌產品中，以改善腸道菌相功效產品最多。這應也很合理，因腸道是全身免疫細胞最多的器官，所以所謂皮腸軸、腦腸軸等名詞（後述）也用來解釋第三代與第四代之益生菌功效，就是把早已存在的事實，用一種說得通的語言說明清楚，讓人們更容易理解。

　　臺灣各世代族群的腸胃問題大不相同，長年推動國人腸胃保

健衛教宣導的台灣乳酸菌協會,與臺北市立聯合醫院仁愛院區消化內科,於 2018 年共同發表一項研究「國人腸胃驚世代—— 20 至 50 歲世代腸胃健康調查」發現,各個年齡層飽受不同腸胃問題困擾,其中 20 歲世代功能性消化不良問題最明顯,每 2 人就有 1 人受功能性消化不良所苦;在 30 歲世代易有便秘困擾:40 歲世代容易得胃潰瘍;50 歲世代容易有痔瘡、大腸瘜肉、胃幽門螺旋桿菌感染等困擾。

現代人生活壓力大,外食機會也多,飲食取向口味偏濃重,而且不少人飲食多以肉食和精緻澱粉類為主,此外也因為缺乏膳食纖維和益生菌,因此容易出現排便不順暢及腸胃功能性消化問題之困擾。

剛出生的小嬰兒體內好菌最多,國外醫學中心研究指出餵食母乳的寶寶,其糞便菌叢中以雙歧桿菌(*Bifidobacterium*)及乳酸桿菌(*Lactobacillus*)為主。隨著年紀增加雙歧桿菌會減少,而大腸桿菌、乳酸桿菌與產氣莢膜梭菌會增加。腸道菌相受分娩、嬰兒餵養方式、環境、飲食、藥物以及生命週期階段影響(圖 31)。

■好菌的好處

雙歧桿菌(*Bifidobacteria* spp.)又稱比菲德氏菌,為眾所周知的益生菌之一,能夠產生乳酸及醋酸,降低腸道環境的酸鹼值,抑制病原菌的生長。此外雙歧桿菌所產生的細菌素(bacteriocins)也具有殺菌的功效。雙歧桿菌可幫助消化、生產短鏈脂肪酸、抗腫瘤、平衡腸道菌相、刺激免疫系統機能,進而促進人體健康。雙歧桿菌常被作為擁有健康腸道菌叢的指標。此外好菌可促進腸道蠕動、幫助排便;亦可生成部分維生素。

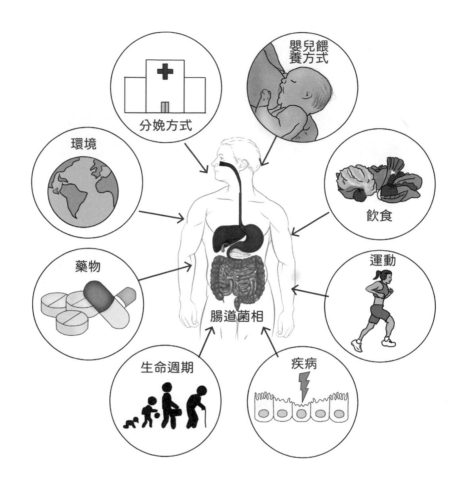

圖 31 腸道菌相受分娩、嬰兒餵養方式、環境、飲食、藥物以及生命週期階段影響

資料來源：Quigley E. Nature Reviews. Gastroenterology & Hepatology (2017) 14: 315-320.

■壞菌的壞處

腸道中的壞菌則會分解蛋白質產生吲哚（indol）、酚類、亞胺等強烈致癌物質以及惡臭的氨氣。壞菌產生之毒素會導致發炎反應、引起胃酸過度分泌，因而引發胃潰瘍與十二指腸潰瘍。衛生福利部公告之腸道菌相改善評估辦法以產氣莢膜梭菌（Clostridium perfringens）為壞菌之指標。

由於生活壓力、過度疲勞、偏食、細菌感染或服藥等各種因素，破壞了腸內菌叢的平衡，使得好菌雙歧桿菌失去優勢而無法抑制壞菌，隨年齡增長雙歧桿菌數量於人體中漸漸減少。

■所謂腸道微整形就是腸道菌相改善

國內獲得衛生福利部認證的健康食品中高達 30% 的產品為益生菌製品，因此添加益生菌株於各類產品中（如奶粉、麥片或各類飲料）不僅可以增進產品風味及質感，更可藉其促進有益菌成為腸道優勢菌、抑制有害菌生長而進一步幫助人體調節腸胃功能。

日本追求健康養生的風潮在近年來出現一個新名詞，稱為「腸道微整形」。指的是「透過飲食攝取好菌，幫助腸道菌叢創造一個良好的生活環境」，事實上就是腸道菌相改善。

■腸道菌相改善之檢測法

腸道中的好菌與壞菌，可依衛生福利部公告改善腸道菌相功效評估方法，分別使用兩種適合好菌與壞菌生長之培養基，以及其適合生長之條件，培養一段時間後，各別計算好菌與壞菌之菌數。

■好菌菌數之測定

取適當稀釋倍數之稀釋液，以混稀平板法（pour plate）分別加入於 MRS 培養基（由 De Man、Rogosa 和 Sharpe 三個人於 1960 年所提出富含營養的培養基，可以培養及分離出 *Lactobacillus* species） 以 及 BIM-25 (Bifidobacterium Iodoacetate Medium-25) 培養基中（可以培養及分離出雙歧桿菌），並置於 37℃厭氧培養箱中培養 48 小時，分別計算兩種培養基分離得到之菌數，可得知乳酸桿菌與雙歧桿菌之菌落數。此兩種菌為好菌之指標菌。

■壞菌菌數之測定

另外於無菌厭氧操作櫃中，取經過適當稀釋倍數樣品以玻璃塗抹棒將稀釋液塗抹到 tryptose sulfite cycloserine agar (TSC) 培養基上〔稱為塗抹法 (spread plate)〕，並置於 37℃厭氧培養箱中培養 48 小時，計算中心呈黑色且周圍有透明環之菌落，即為產氣莢膜梭菌 (*Clostridium perfrigens*) 菌數。

進階學習

好菌（雙歧桿菌）與壞菌（產氣莢膜梭菌）之菌數測定

腸道菌相改善試驗係將參加試驗的人們或動物，在攝食測試物質一段時間後，收集糞便置於厭氧缸中送至實驗室。

於無菌厭氧操作櫃內秤取約 1 g 糞便，加入含 9 mL 無菌厭氧稀釋液之試管中，以試管振盪器混合成原均質液。

於充氮之無菌厭氧操作櫃中取 1 mL 均質液，加入含 9 mL 厭氧稀釋液之試管中，進行一系列 10 倍稀釋。

根據衛生福利部公告之腸道菌相改善評估辦法，必須能增加腸道中好菌（雙歧桿菌）菌數，而壞菌（產氣莢膜梭菌）菌數減少或是不變，才具有改善腸道菌相的功效。

■腸道菌相改善之人體臨床試驗

為測試益生菌 NTU 101 是否具有改善腸道菌相功能，乃於臺北振興醫院執行人體臨床試驗（連續食用 4 周）。該試驗在美國國家衛生研究院 (National Institutes of Health，NIH) 的線上臨床數據註冊網站 ClinicalTrials.gov，註冊編號為 NCT04088474，而振興醫院人體臨床試驗許可 (IRB) 號碼為 CHGH-IRB No: 538 105B–07。

本次人體臨床試驗採隨機雙盲設計，試驗組與安慰劑組各有 18 人參與試驗，每人每日晚飯後服用 1 顆膠囊（含 50 mg NTU 101 益生菌粉，等同於含 50 億株 NTU 101 益生菌之菌粉），安慰劑組則服用外表完全一樣，但不含益生菌之膠囊。

結果健康之受試者服用 NTU 101 益生菌 4 周後可大幅增加腸道原生益生菌雙歧桿菌 4.01 倍，乳酸桿菌 4.25 倍，而產氣莢膜梭菌菌數則不變，證實 NTU 101 可以改善腸道菌相（圖 32）(Heliyon6 (2020) e04979)。

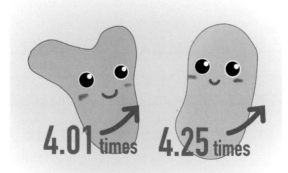

圖 32 人體臨床試驗證實 NTU 101 可使腸道中雙歧桿菌數增加為 4.01 倍（圖左），乳酸桿菌數增加為 4.25 倍（圖右），證實具有改善腸道菌相功效。

資料來源：Heliyon6 (2020) e04979.

如何保持腸道健康？

■六大殺手危害腸道環境打亂腸道菌相平衡

腸道菌相失衡和疾病的因果關係還沒有百分之百確定，但很明確的是，以下六項食物或習慣會打亂腸道菌相平衡，危害腸道環境。

1. **抗生素**：抗生素會破壞腸道菌相，造成腸道菌叢的生態破壞，大幅降低腸道菌的豐碩度（菌數）與多樣性（菌種類），如此一來一些伺機性感染的病原菌，如艱難梭狀桿菌，就可能過度繁殖並釋放毒素，進而造成腸道嚴重發炎與腹瀉，這在住院使用抗生素的病人中並不算少見。但適當使用抗生素來治療細菌感染是有必要的，大部分的病人在停用抗生素數周後，菌相都能慢慢恢復。所以建議在服用抗生素末期即開始服用益生菌，加速達成腸道菌相之平衡。

2. **壓力**：壓力、荷爾蒙及腎上腺素增加，會大幅改變腸道菌的行為，讓它們變得有侵略性且危險，同時也會加重腸道發炎反應。

3. **高脂、高糖及人工添加化學物質**：大量高脂、高糖及人工添加化學物質會讓某些壞菌長得特別快，且大量繁殖而驅逐益菌，佔地為王。暴飲暴食也會造成菌相改變。

4. **熬夜**：熬夜也會打亂腸道菌的生理時鐘，讓菌叢穩定性及抵抗不利因子之能力減弱。此外肝臟的解毒功能也會受到影響，大大增加身體發炎機率。

5. **久坐**：久坐會造成骨盆腔血液滯留，引起腸道發炎。

6. **酒精過量**：飲用過量酒精也會破壞腸道菌相。所以說酒能令人斷腸，菌叢遭到破壞會引起非常嚴重的腸漏。

■飲食影響腸道菌相

　　從腸道菌叢的菌株及菌種來看，沒有兩個人是完全相同的，就像葡萄酒，在氣候、土壤及人文條件的風土不同地區生產的葡萄所釀出來的酒，風味就各自不同，腸道菌也一樣，不同地方的人，腸道菌組成也不一樣（表 11），而對腸道菌種類影響最大的，就是飲食。

表 11 飲食文化不同，高佔比的腸道菌種也不同

國家	高佔比的腸道菌種	相關飲食特徵
臺灣	擬桿菌門 (Bacteroidetes) 普雷沃氏菌屬 (*Prevotella*)	-
中國	擬桿菌門 (Bacteroidetes)	-
韓國	擬桿菌門 (Bacteroidetes)	-
日本	放線菌門 (Actinobacteria)	魚類多、紅肉少
新加坡	雙岐桿菌屬 (*Bifidobacterium*)	-
美國	厚壁菌門 (Firmicutes)	紅肉多、高脂、低纖維
英國	雙岐桿菌屬 (*Bifidobacterium*)	-
荷蘭	韋榮氏球菌屬 (*Veillonell*) 瘤胃球菌屬 (*Ruminococcus*) 羅斯氏菌屬 (*Rothia*)	牛奶喝多、抗生素用得少
瑞典	雙岐桿菌屬 (*Bifidobacterium*) 梭菌屬 (*Clostridium*)	-
馬拉威（非洲）	普雷沃氏菌屬 (*Prevotella*)	玉米、花生、水果、蔬菜
委內瑞拉 （南美洲）	普雷沃氏菌屬 (*Prevotella*)	木薯、玉米
歐盟（兒童）*	厚壁菌門 (Firmicutes) 變形菌門 (Proteobacteria)	紅肉多、高糖、澱粉、高脂、低纖維

資 料 來 源：Falony et al., Science (2016) 352: 560-564；Gupta et al., Frontiers in Microbiology (2017) 8: 1162；De Filippo et al., Proceeding of the National Academy of Science of United States of American (2010) 107: 14691-14696.

比起城市區域，開發中地區如非洲，人們食用各式各樣的植物，且大多是未經加工的食物，他們的腸道菌多樣性就高，腸道菌叢中能分解膳食纖維生成短鏈脂肪酸的普雷沃式菌屬 (*Prevotella*) 比例也較高。而食物比較單一的美國人，則剛好相反。

美國克里夫蘭醫學中心發現：紅肉、奶、蛋類食物中所富含的肉鹼 (carnitine) 與膽鹼 (choline)，會在腸道中被細菌代謝成具有魚腥味的三甲胺 (trimethylamine, TMA)，進而增加人體內氧化三甲胺 (trimethylamine oxide, TMAO) 的濃度，提高罹患心血管疾病的風險。

但並不是每個人的腸道菌都會在體內產生氧化三甲胺。相較於葷食者而言，素食者腸道菌代謝肉鹼生成氧化三甲胺的能力較低，這證明了飲食習慣的差異，的確會影響腸道菌的功能性。

益生菌與便秘

根據美國國家醫學圖書館 (US National Library of Medicine) 研究指出，全球約有 16% 的成年人有便秘問題，臺灣癌症基金會在「大腸瘜肉問題與生活聚落調查」中發現，有超過 4 成的臺灣上班族有便秘困擾。

■便秘的定義

下列症狀只要出現一項就代表有便秘現象：
1. 便便的形狀是一粒一粒的。
2. 便便的重量減少。
3. 排便次數很少，3 天以上才大 1 次便。
4. 排便時要很用力才會排出來。
5. 必須用灌腸或是瀉藥的幫忙排便才會正常。

■便秘的種類與成因

便秘是種慢性消化系統病症，它可能出現於人生的各個階段，並影響患者的生活品質。造成便秘的原因很多，歸納種類與成因，大致可區分為以下幾種：

1. **遲緩型便秘**：這是最常見的便秘型態，患者經常因為水分和纖維攝取不足、因為時差與飲食有巨大的變化、運動量不足或是因為久坐、年長、長期臥床等無法行動的情況打亂排便習慣，造成便便在腸道內排不出來。

2. **壓力型便秘**：起因於腦部或腸道的自律神經失調，若常處於緊張不安的狀態，就有可能發生。患者可能會感到腹脹、腹痛，時而腹瀉，時而便秘。

3. **直腸型便秘**：若直腸的機能異常，例如直腸變型、腫瘤或肛門肌肉組織發生問題而影響排便，就是直腸型便秘，患者往往需要就醫。

■便秘的預防方法

如果不想滿腹委屈（便便藏在肚子裡），該怎麼辦？以下為預防便秘的方法，包括：

1. 蔬果富含纖維，為人體每天必備之食物，不要挑食不吃。
2. 每天補充 2000cc 以上的水。
3. 過度加工的食物像是香腸、加工食品等，儘量避免攝食。
4. 多運動，身體動起來，腸子也會跟著你一起動起來。
5. 補充益生菌，幫助排便順暢。

■改善便秘之動物試驗

我們的研究發現，使用 Sparque-Dawley (SD) 大鼠每日 2
次皮下注射藥物 Loperamide (2 mg/kg) 誘導大鼠腸蠕動降低而
導致便秘症狀發生，將其作為便秘之模式鼠。如同時將 NTU 101
益生菌添加於粉狀飼料餵飼大鼠，實驗進行 20 天，結果顯示：
NTU 101 益生菌能夠預防異常的腸道黏膜層厚度變薄，讓異常的
腸道黏膜層恢復厚度，使腸道保持健康。同時也可增加腸道蠕動
速度（後述），緩解便秘現象（圖 33）。

益生菌與腸道蠕動

腸道蠕動可以幫助排便，使消化更順暢而免於發生便秘。以
下介紹我們以老鼠或人體臨床試驗，證實 NTU 101 益生菌具有
幫助腸道蠕動的效果。

■以動物試驗證實 NTU 101 益生菌具有幫助腸道蠕動效果

動物試驗係以測量所攝食黑色活性碳在腸道移動之距離，來
計算小腸中活性碳之移動比率 [移動比率 (%) = (活性碳移動距
離 / 小腸總長度) x 100 %]，比較各種不同狀況下，食物在腸道
中之蠕動速度。

試驗共分 6 組（除控制組、便秘組及正控制組外，尚有低、
中與高劑量組）：控制組（A 組）餵飼正常飼料，做為比較蠕動
速度之標準；便秘組（B 組）則以藥物加以誘導使動物產生便秘，
以作為蠕動效果比較之基準；正控制組（C 組）乃以已經通過健
康食品認證，具有促進腸道蠕動效果之物質加到飼料中，餵食誘
導成功之便秘鼠，以確認此次試驗是否有效。如果 B 組蠕動速度

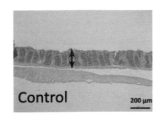

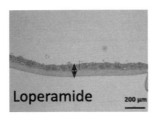

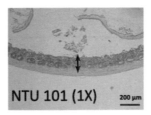

Control 200 μm

Loperamide 200 μm

NTU 101 (1X) 200 μm

正常組：
腸道黏膜厚度（以黑
色劍號表示）正常

餵飼便秘藥物
Loperamide 誘導組：
腸道黏膜厚度變薄

以 Loperamide 誘導
便秘並食用 NTU 101
組：大鼠腸道黏膜厚
度恢復正常

圖 33 NTU 101 益生菌能夠緩解異常的腸道黏膜層厚度變薄，使異常的
腸道黏膜層恢復厚度，而腸道保持健康。

資料來源：Heliyon 6 (2020) e03804

比 A 組差，表示便秘模式動物誘導成功。而 C 組蠕動速度比 B
組好，表示此次實驗是成功的，因為食用已經通過健康食品認證
可促進蠕動之物質，當然要比便秘模式組蠕動效果更好。

　　一般測試物質會以 3 個劑量（低、中與高劑量）來餵飼便秘
模式鼠，探討其促進蠕動效果是否有劑量效應。此 3 種劑量一般
是 0.5 倍、1 倍與 5 倍劑量，實驗結果可以用來決定產品之有效
劑量。

　　我們的實驗結果如圖 34 所示，紅色箭頭所指處為活性碳最
後到達小腸之位置。將各組小腸中活性碳移動比率依公式計算所
得數字列示如表 12 所示。

控制組	便秘組	正控制組
	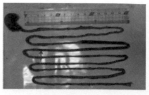	

NTU 101 （0.5 倍劑量組）	NTU 101 （1 倍劑量組）	NTU 101 （5 倍劑量組）
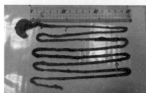		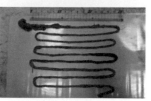

圖 34 以活性碳移動比率測量腸道蠕動速度之腸道活性碳移動結果，紅色箭頭所指處為活性碳最後到達小腸之位置。正控制組攝食之蠕動促進劑為 sodium picosulfate，劑量為 0.52 mg/kg 體重；NTU 101 (0.5, 1, 5X) 組分別為每公斤體重攝食 1.3, 2.6 或 13 mg NTU 101 菌粉

資料來源：Heliyon 6 (2020) e03804.

表 12 以活性碳移動比率測量腸道蠕動速度

組別	小腸總長度 (cm)	活性碳移動距離 (cm)	小腸中活性碳 移動比率 [a](%)
控制組	141.38 ± 2.54	84.63 ± 3.48	59.73 ± 1.60
便秘組	141.25 ± 3.60	67.00 ± 2.69###	47.50 ± 2.10####
正控制組	137.75 ± 1.72	85.63 ± 2.05***	62.18 ± 1.37****
NTU101 (0.5X)	143.25 ± 2.08	85.88 ± 2.62***	59.92 ± 1.47****
NTU 101 (1X)	139.13 ± 2.35	84.63 ± 4.12***	60.67 ± 2.14****
NTU 101 (5X)	146.63 ± 2.61	91.75 ± 3.30****	62.48 ± 1.43****

###$p<0.001$,####$p<0.0001$(與控制組比較)；***$p<0.001$,****$p<0.0001$(與便秘組比較)

正控制組：sodium picosulfate 0.52 mg / kg BW; NTU 101 (0.5, 1, 5 X) : 1. 3, 2. 6, 13 mg / kgBW

a 小腸中活性碳移動比率 (%)=(活性碳移動距離 / 小腸總長度)x100%.

資料來源：Heliyon 6 (2020) e03804.

　　由圖 35 得知：攝食 NTU 101 可以明顯增加活性碳移動距離，即增加腸道蠕動速度。經計算後得知：各組小腸中活性碳移動比率（表 12）為控制組 59.73%、便秘組 47.50%，確定便秘誘導成功。正控制組的 62.18% 又明顯大於便秘組的 47.50%，顯示此次實驗為有效的。3 個劑量組分別為 59.92%、60.67% 與 62.48%，表示確實具有劑量關係。

　　由以上數據可以證實 NTU 101 之攝食，對便秘模式鼠確實具有增進腸道蠕動速度之效果 (Heliyon 6 (2020) e03804.)。

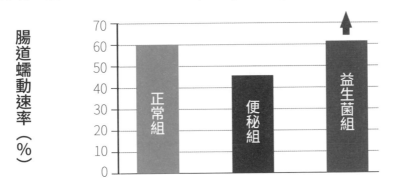

圖 35 NTU 101 益生菌能夠增加便秘模式鼠腸道蠕動速率，緩解便秘現象。

資料來源：Heliyon 6 (2020) e03804.

■ 以人體臨床試驗證實 NTU 101 益生菌
　具有幫助腸道蠕動效果

　　市面上有許多益生菌產品，但是真正能改善腸胃蠕動的不多，必須要謹慎挑選。根據美國衛生研究院（National Institutes of Health, NIH）線上臨床數據註冊網站 ClinicalTrials.gov（註冊編號：NCT 04046432）指出，服用 NTU 101 益生菌能促進腸道蠕動、縮短腸道蠕動所需時間。

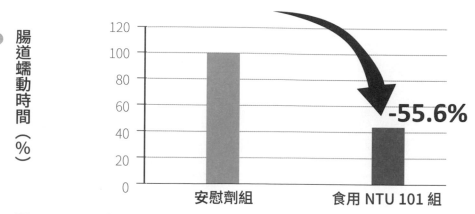

圖 36 NTU 101 經人體臨床試驗證實，可有效改善腸道蠕動，達到整腸之效果

資料來源：Heliyon 6 (2020) e04979.

　　本實驗於臺中中山醫學大學附設醫院執行 (IRB No: CHGH-IRB No: 538 105B-07)，共招募 52 名健康成人參加試驗，本試驗採用隨機雙盲設計，試驗組及對照組人數各為 25 及 27 人，試驗為期 6 周。受試者於 4 周服用期間，每日晚飯後服用 1 顆膠囊（含 50 mg NTU 101 益生菌粉，等同於含 50 億株 NTU 101 益生菌之菌粉）或對照物質（不含 NTU 101 益生菌之安慰劑）。

　　人體臨床試驗係讓受試者飲用硫酸鋇乳液，再以放射性同位素追蹤方式，探討益生菌對腸道蠕動速度之影響。

　　試驗結果（圖 36）顯示：經過 4 周試驗後，NTU 101 益生菌能縮短食糜通過腸道時間達 55.6%，可緩解便秘症狀。

益生菌與旅行者腹瀉

■旅行者腹瀉之定義與症狀

　　在出國旅遊時常會有腸胃不適且拉肚子的現象，這就是俗稱的「旅行者腹瀉」（Traveler's Diarrhea，簡稱 TD），是一種

腸胃道感染疾病。

旅行者腹瀉的定義是在 24 小時內，有 3 次或超過 3 次不成型
的糞便，伴隨以下症狀之一：發燒、噁心、嘔吐、腹部絞痛、便意
一直存在的感覺〔醫學上稱為裡急後重 (rectal tenesmus)〕或發
生血便。因為每一個國家的衛生條件、飲食習慣與旅行者原居住之
國家基本上都有差異，因此有時候旅行者到外地旅行時會有腹瀉情
況，嚴重影響假期原有的行程安排與心情。

▪旅行者腹瀉之預防

如何預防旅行者腹瀉？腸胃科醫師提出下列建議事項，可供
要出國的國人參考：

1. **不吃生食、不飲生水**：食物和飲水都要煮熟煮沸，盡量不要
   吃路邊的小吃，飲用瓶裝水，避免高危險的食物，像是未煮
   熟的肉和海鮮等。一般水瀉可使用止瀉藥物減緩不適，常用
   的有 Smecta 或是 Loperamide 等藥物，症狀解除就可停
   藥。不過，如果腹瀉合併嚴重腹絞痛，或是解大量血便時，
   顯示感染的細菌毒素的量比較大，此時通常不建議止瀉，而
   是要讓其自然排除，把毒素排空復原會更快；若太快止瀉，
   反而把細菌和細菌毒素留在體內，會延長腸胃不適的時間。

2. **備好益生菌**：預防勝於治療，請備好適合你的益生菌，許多
   有專利的功效益生菌可以預防腹瀉或是緩解腹瀉之情形。

▪益生菌改善腹瀉之動物試驗

最近我們的研究發現，使用 C57BL6 雄性小鼠當作模式鼠，
在飲用水中加入葡聚糖硫酸鈉 (dextran sulphate sodium; DSS)

誘導腹瀉，以此模擬人體腹瀉，比較給予 NTU 101 益生菌組與單純給予純水的對照組，在實驗的第 15 至 21 天可觀察到食用 NTU 101 益生菌組能夠緩解腹瀉現象，使腸道絨毛組織恢復正常，並能恢復因腹瀉引起的體重下降，減輕不適症狀 **（圖 37）**。NTU 101 益生菌同時亦可降低腫瘤壞死因子 -α (tumor necrosis factor, TNFα)、白細胞介素 -6 (interleukin 6, IL-6) 與干擾素 γ (interfelon γ, IFNγ) 等發炎因子，緩解腹瀉現象（圖 38）(J. Food & Drug Anal. (2019) 27: 83-92.)

益生菌與出血性大腸桿菌

出血性大腸桿菌 (enteroaggregative Shiga toxin/verotoxin-producing *Escherichia coli*) O157:H7 感染症為食因性傳染病，致病原為大腸桿菌，人可經由接觸受感染的動物、食入受汙染食物、飲水，或經與患者直接接觸而感染。該病潛伏期約 2 至 8 天，感染初期會出現水瀉、腹痛；病情惡化後出現嚴重腹瀉及血便，嚴重者成人會有腎衰竭、血栓性血小板減少性紫斑症，小孩則有溶血性尿毒症候群，嚴重者可能導致長期洗腎或造成死亡，為致死率極高之食物中毒細菌感染症。

過去美、日等國均曾發生經由未煮熟之肉品或未滅菌之果汁、乳品造成大規模 O157:H7 出血性大腸桿菌之食因性感染疫情。

我們也曾以腹瀉中症狀最嚴重之 O157:H7 出血性大腸桿菌為對象，探討其與 NTU 101 同時攝食時，對實驗老鼠症狀之改善效果。將實驗分成先服用 NTU 101 再感染 O157:H7 的預防組，以及先感染 O157:H7 再服用 NTU 101 的治療組，以探討其對體重下降與存活率之影響。

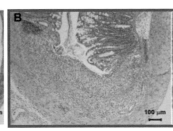

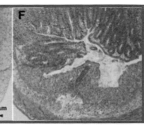

| 正常組：
腸道組織正常 | 腹瀉組：
小鼠腸道絨毛組織
近乎損毀 | DSS 誘導腹瀉且食
用 NTU 101 乳酸菌
發酵品：小鼠腸道
絨毛組織恢復正常 |

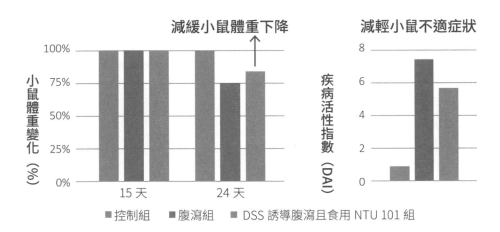

圖 37 NTU 101 益生菌可緩解腹瀉現象減緩小鼠體重下降，並使腸道絨毛組織恢復正常

資料來源：J. Food & Drug Anal. (2019) 27: 83-92.

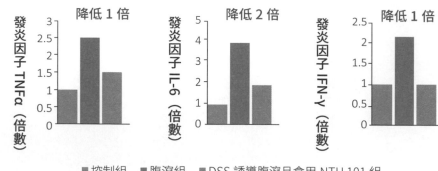

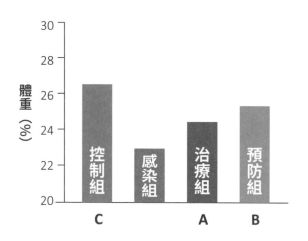

圖 **38** NTU 101 益生菌可降低發炎因子緩解腹瀉現象

資料來源：J. Food & Drug Anal. (2019) 27: 83-92.

A（治療組）：
先感染大腸桿菌 O157：H7，後餵食 NTU 101 乳酸菌發酵產品

B（預防組）：
先餵食 NTU 101 乳酸菌發酵產品，後感染大腸桿菌 O157：H7

圖 **39** 食用 NTU 101 益生菌發酵產品 7 天有助於減少因出血性大腸桿菌 O157：H7 感染小鼠的體重下降。

資料來源： J Agri Food Chem. 58 (2010) 11265-11272.

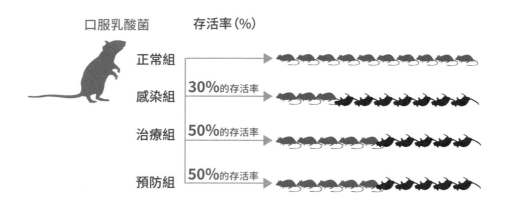

小鼠存活　　　小鼠死亡

口服乳酸菌　　存活率(%)

正常組

感染組　30%的存活率

治療組　50%的存活率

預防組　50%的存活率

圖 40 食用 NTU 101 益生菌發酵產品七天有助於降低 O157：H7 型出血性大腸桿菌感染小鼠的發病率、增加存活率

(資料來源： J Agri Food Chem. 58 (2010) 11265-11272.)

實驗結果顯示服用 NTU 101 益生菌粉，對出血性大腸桿菌所引發之實驗老鼠體重下降與存活率均有明顯改善現象，在體重控制上預防組效果高於治療組（圖 39），存活率則約略相似（圖 40）。(J Agri Food Chem. 58 (2010) 11265-11272.)

益生菌與腸激躁症
(irritable bowel syndrome, IBS)

根據臺灣營養基金會針對全臺灣上班族所進行的「便秘與飲食行為」調查，估計有超過 525 萬的上班族 4 天以上才排便 1 次、排便時要用很多力氣、甚至 1 周超過 1 次以上曾排出硬球狀或香腸狀的大便。

腸激躁症就是腸道的肌肉與神經過度敏感，一受到刺激就容易反應過度，反覆出現一些腸道功能性障礙症狀。主要臨床表徵是腹痛或腹部不適、腹脹感、腸道蠕動異常和排便異常，而腹痛或腹脹常因排便或放屁而得到舒解。據統計，約有 9% 至 20% 之人口罹患腸激躁症。女性的發生率是男性的兩倍，而且通常在 20 歲左右開始有症狀，約在 30 至 50 歲間好發，常反覆發作，其症狀持續很久，不但影響生活品質，也造成不少醫療資源的花費。

■**腸激躁症之診斷標準**

由診斷功能性胃腸疾病的國際工作小組於 1999 年 9 月在《腸道》(Gut) 醫學雜誌發表，目前最為醫師接受與應用的腸激躁症「羅馬第二版診斷標準」如下：在 10 個月內，至少有 12 周（不須連續）發生腹部不適或疼痛，而且患有以下至少 2 種特徵：(1) 排便後症狀改善；(2) 排便的次數改變；(3) 糞便的形態改變。

■**腸激躁症之致病原因**

發生腸激躁症的真正致病原因仍不清楚，可能有多重因素造成：

1. **食物耐受性不良**：患者的腸道對某些食物特別敏感或無法適應，常見的例如辣椒、柑橘、洋蔥、韭蔥、牛肉、蛋、堅果、白麵包、乳品、巧克力等。

2. **大腸的蠕動功能失調**：如果大腸蠕動太快，吸收水分不夠，會導致排氣、腹部絞痛、有便意、腹瀉或解出黏液；如果蠕動太慢，水分吸收太多，就會導致脹氣、感覺排便不乾淨或便秘；有些患者則是腹瀉與便秘交替出現。

3. **大腸的神經知覺過度敏感**：遺傳、慢性發炎、情緒或環境壓

力，都可能使大腸過度敏感，讓患者感到腹痛或脹氣。

4. **心理、社會人際因素**：部分腸激躁症患者合併有心理、社會
　人際障礙，包括有精神疾病、人格異常、生活壓力及被虐待
　等。這類患者比一般患者症狀更為嚴重且治療效果較差。

5. **腸道感染**：約有 25% 的腸激躁症病患在經歷急性腸炎後開
　始產生症狀，也有論文指出病患有小腸細菌過度生長現象，
　不斷產氣或產生毒素傷害到腸道肌肉神經，故導致脹氣、腹
　痛甚至腹瀉。

■腸激躁症之緩和方法

　　約 70% 大腸激躁症患者由於症狀較輕而沒有就醫。腸激躁
症難以治癒，可是患者可以藉由飲食控制、壓力減輕與藥物治療
等 3 種方法來緩和症狀，改善生活品質。

1. **飲食控制**：謹慎的飲食可以減輕症狀：

(1)**減少或避免會誘發與加重症狀的食物**：如高油脂、會發酵
　　產生氣體的食物、巧克力、乳類、酒精，含咖啡因的咖啡、
　　茶、可樂，碳酸飲料等皆會造成脹氣，最好避免。

(2)**攝取會改善症狀的食物**：纖維可以改善腸激躁症症狀，而
　　水果、蔬菜都含有纖維。補充纖維的來源除了食物，也可
　　以服用纖維錠或粉末纖維。

(3)**避免吃大餐與狼吞虎嚥**：如果正常攝取三餐會造成腹部絞
　　痛或腹瀉，可改為少量多餐。進食時速度太快會吞下空
　　氣，造成脹氣，因此用餐時應細嚼慢嚥。

2. **減輕壓力**：已知壓力或情緒緊張會刺激大腸收縮及痙攣，因此
　腸激躁症患者要學習減輕壓力，以緩和腹部絞痛與其他症狀。

壓力減輕的方法如下：減壓訓練與放鬆治療、心理諮詢與情感支持、規律運動、改善或避免生活中的壓力環境及適當的睡眠。

3. **藥物治療**：如病情需要，醫師可能會開下列藥物處方：

(1)**瀉藥**：用來治療便秘型腸激躁症。

(2)**痙攣藥物或止瀉藥物**：減緩大腸收縮，可以改善腹瀉型腸激躁症與腹痛。

(3)**解除焦慮藥物或抗憂鬱藥物**：可以改善劇烈疼痛及腹脹感覺。

(4)**使用益生菌改善不適**。

如果透過上述飲食控制、壓力減輕與藥物治療等方法還是無法奏效，那麼就要使病患了解自己病況並非惡性疾病，並建立面對疾病的信心，定時回診追蹤，以保持最佳生活品質。

益生菌與胃黏膜保護

當皮膚或黏膜等表面組織出現潰爛，即是所謂的「潰瘍」。潰瘍雖不會立即致命，但仍是一種需要我們注意的狀況。尤其是胃潰瘍，最不能掉以輕心。

當我們攝入食物，會分泌胃酸以分解食物。正常情況下，胃酸的分泌並不會使胃黏膜產生損傷，但一旦胃酸分泌過多使得胃黏膜受損，就會出現胃破皮、胃炎，形成胃潰瘍，最終甚至變成胃癌。

胃破皮跟胃潰瘍之間的差異在於病灶的大小及侵犯的深度。

胃破皮一般僅侷限於表層黏膜且只有輕微小傷口；而胃潰瘍則侵犯程度較嚴重，深度已經超過黏膜。

　　壓力、情緒、飲食、抽菸、熬夜等原因，都會導致胃黏膜容易受損或惡化胃潰瘍的程度。

　　若不重視胃潰瘍，就有癌變的可能性，而且並非罕見。當你經常感到胃隱隱作痛，服用藥物也不見緩解，甚至解出黑色或柏油狀的大便時，代表胃部可能出現大問題了，一定要趕快去醫院做檢查。

■ NTU 101 發酵豆漿牛奶改善胃黏膜損傷試驗

　　對於益生菌對胃黏膜具有保護作用，文獻也有相關報導。我們以幽門結紮合併酸化酒精誘發急性胃部黏膜之損傷，再連續餵食 NTU 101 發酵豆漿牛奶 28 天，犧牲後將胃黏膜取出拍照，並以分析軟體進行影像分析，胃黏膜損傷部位呈現深紅色。影像分析之黑色區塊，即代表胃黏膜損傷區塊。結果發現 NTU 101 具有保護胃黏膜的功效 (J. Agric. Food Chem. (2009) 57: 4433-4438)。

　　最具體的數據是 NTU 101 可以抑制急性胃部黏膜之損傷，每天服用 10^8 到 10^9 菌數之 NTU 101，可明顯改善胃黏膜損傷狀況，依影像分析結果可計算出損傷指數由 1.00 降低至 0.55（圖 41）。此外我們也測得一些生化指標的改善，如可明顯降低血液及胃黏膜脂質過氧化物濃度（9.27 mM 降至 6.29 mM，即下降 32.1%）；提升黏膜超氧歧化酶（superoxide dismutase, SOD）活性（由 0.065 U/mg protein 增至 0.13 U/mg protein，即提升 100.0%）；促進黏膜保護物質前列腺素 E2（prostaglandin E2, PGE2）之合成（濃度由 3036.16 pg/mg

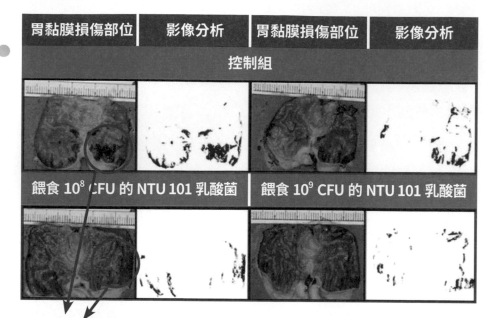

胃黏膜損傷部位	影像分析	胃黏膜損傷部位	影像分析

胃黏膜損傷斑塊

圖 41 每天服用 10^8 到 10^9 菌數之 NTU 101 共 28 天，可明顯改善胃黏膜損傷狀況，依影像分析結果可計算出損傷指數由 1.00 降低至 0.55。

資料來源：J. Agric. Food Chem. (2009) 57: 4433–4438.

protein 增至 5408.02 pg/mg protein，即提升 78.1%）。

由以上數據我們可以得到以下結論：以 NTU 101 發酵豆漿牛奶每天餵食 10^9 株菌共 28 天，則可具有保護胃部黏膜之潛力。

■ NTU 101 市售菌粉改善胃黏膜損傷試驗

在 2020 年使用市售之菌粉產品進行試驗，結果如圖 42 與表 13，由此圖與表均可以看出 NTU 101 確實有改善胃黏膜損傷之效果。

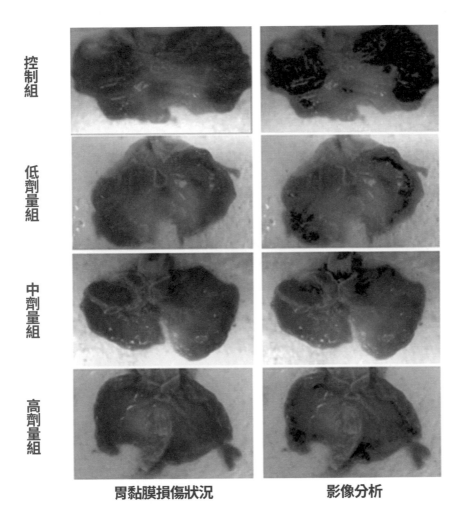

控制組

低劑量組

中劑量組

高劑量組

胃黏膜損傷狀況　　　　**影像分析**

圖 42 由上而下各為控制組及低、中、與高劑量組（每公斤體重每天各
服用 NTU 101 菌粉 0.15, 0.30 或 1.5 g），左邊為胃黏膜損傷狀況，右
邊為影像分析結果，依影像分析結果可明顯改善胃黏膜損傷狀況。

資料來源：J Microb Immun Infect. (2020) 53: 266-273.

科
學
實
證
：
益
生
菌
健
康
研
究
室

表 13 使用 NTU 101 市售菌粉測試改善胃黏膜損傷之效果

組別	胃液體積 (mL)	胃液 pH 值	胃黏膜損傷面積 (mm²)	胃黏膜總面積 (mm²)	胃損傷指數
控制組	5.00± 1.82[a]	1.77± 0.43[a]	4.11± 2.14[b]	677.16± 92.39[a]	0.006± 0.0400[b]
低劑量組	5.23± 1.66[a]	1.82± 0.65[a]	0.37± 0.29[a]	780.33± 171.63[a]	0.00047± 0.0037[a]
中劑量組	5.10± 2.34[a]	1.76± 0.34[a]	0.47± 0.44[a]	792.31± 162.64[a]	0.00061± 0.0060[a]
高劑量組	5.58± 2.66[a]	1.55± 0.32[a]	0.07± 0.10[a]	713.48± 94.02[a]	0.0001± 0.0013[a]

註：低、中與高劑量組：每天服用 NTU 101 菌粉各為 0.15, 0.30 以及 1.5 g/kg 體重；數據以平均值 ± 平均偏差表示；同列不同上標字母表示具顯著差異 ($p < 0.05$)

資料來源：J Microb Immun Infect. (2020) 53: 266-273.

益生菌提升消化酵素活性

人們攝食之食物進入人體消化道後，需靠酵素將食物中所含的大分子如澱粉、蛋白質、脂肪，先分解成小分子的單雙糖、胺基酸與脂肪酸，才能夠被腸道吸收進入血液而藉循環送至各組織，各組織再用來代謝產生能量以供運動，或再合成人體需要的大分子如荷爾蒙等。原本消化道所含之各種分解酵素，可能因個人體質或其他因素而有所不足，此時即會產生代謝上的障礙，如某些人因消化道分泌之乳糖分解酶不足，喝太多鮮乳就會因乳糖無法全部被分解而產生下瀉現象，稱為乳糖不耐症。

根據我們在實驗室所進行的動物試驗，在餵飼老鼠 NTU 101 益生菌 4 周後，老鼠腸胃道之消化酵素活性會增加 1.89 倍到

3.21 倍（**圖 43**），故服用 NTU 101 之產品應可促進體內攝食食物的消化能力。

　　各類消化酵素增加效果最好的是脂肪酶（增加 3.21 倍），其次是乳糖酶（增加 2.75 倍）。NTU 101 益生菌在動物腸道定殖，可分泌較多乳糖酶，理論上應對乳糖不耐症之患者有所助益。

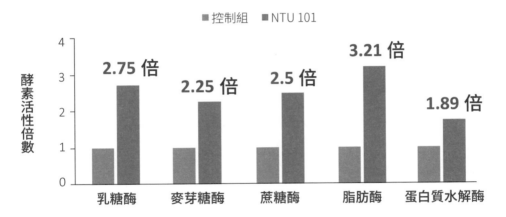

圖 43 經餵飼 NTU 101 益生菌後老鼠消化道各類酵素活性增強 1.89 倍到 3.21 倍

資料來源：晨暉生技公司內部研究報告 - 動物模式評估 NTU 101 改善胃腸道功能 (2013-2014)

| 第二章 |

免疫調節：
提升免疫力、緩和過敏反應、改善異位性皮膚炎

【本章研究重點摘要】

❶ 腸道具有很多纖毛，據統計腸道總表面積為足球場面積的 3 倍，是身體極為重要的器官。腸道支配了 70% 免疫細胞與 80% 至 90% 的血清素，所以人是否會生病、情緒和頭腦好壞都與腸道健康有最直接的關係。

❷ 免疫調節很重要的關鍵就是要達到平衡，免疫力亢進會引起各種過敏現象；而免疫低下則會產生各種病毒、細菌、黴菌與寄生蟲的感染。

❸ 提升免疫力之動物試驗結果：連續餵食 NTU 101 益生菌 9 周淋巴球增生指數增加 163%。即使停止餵食 7 天後，NTU 101 益生菌對淋巴球增生能力效果仍能保持（增加 67.5%）。連續餵食 NTU 101 益生菌 6 周及 9 周腸道 IgA 抗體表現量增加 21.5% 與 19.7%。

❹ 提升免疫力之人體臨床試驗結果：連續餵食 NTU 101 益生菌 4 周後免疫球蛋白 G (Immunoglobulin G, IgG) 及免疫球蛋白 M (Immunoglobulin M, IgM) 成為原有的 1.03 與 1.065 倍，同時增強血漿中總抗氧化能力 (Trolox equivalent antioxidant capacity, TEAC)、谷胱甘肽 (glutathione, GSH) 含量、紅血球中谷胱甘肽氧化酶 (glutathione peroxidase,

GSH Px) 及谷胱甘肽還原酶 (glutathione reductase, GSH Rd) 等抗氧化酵素之活性，並降低脂質過氧化物濃度。

❺ 異位性皮膚炎之動物實驗證實：NTU 101 可以：(1) 降低異位性皮膚炎判定評分 (Atopic dermatitis Score, SCORE)；(2) 降低局部皮膚真皮層增厚程度，預防模式與治療模式各減少 50% 及 45%，以預防模式效果較顯著；(3) 降低局部皮膚表皮細胞層增厚程度，治療與預防模式各減少 32% 及 23%，以治療模式效果較顯著；(4) 降低小鼠皮膚中皮膚搔癢指標，預防效果大於治療效果。

❻ 異位性皮膚炎之人體試驗證實：服用 2 顆含 NTU 101 膠囊（含 100 億株 NTU 101 益生菌），連續服用 4 周後：(1) 服用 NTU 101 益生菌之異位性皮膚炎患者，有 69% 改善程度大於 20%，而 (2) 未服用 NTU 101 益生菌之對照組僅有 30% 患者病徵有改善。

> **總結** NTU 101 益生菌在免疫改善功能方面，具有提升免疫力、改善異位性皮膚炎等兩項保健功效。

過敏與免疫

經過這幾年新型冠狀病毒的肆虐，使大家更能深深體會免疫力的重要性。然而當流行性疾病來襲時，才想要擁有好的免疫力就來不及了。擁有好的免疫力要從平時做起。

▪什麼是免疫力？

免疫系統就像我們身體裡的軍隊，可以抵禦外來入侵的細

菌、病毒、寄生蟲等；其亦可找出並滅絕體內的叛軍，如被感染的細胞、不正常增生的細胞等。

免疫力是我們體內軍隊作戰力及素質的整體表現，當軍隊的人數及武器不足或偵查力不正確及反應力、作戰力、體力不好時就會使得外來的入侵者得逞，使得我們生病、感染、過敏或者攻擊自己細胞、組織、器官而發生自體免疫疾病。

■免疫力越強越好？

免疫力並非越強越好，而是剛剛好最好。當身體的免疫力太強、太旺盛時，很可能會錯認身體組織器官的正常細胞，將其當成敵人並加以攻擊，導致一些身體細胞、組織、器官的損傷，如紅斑性狼瘡、乾癬、類風濕性關節炎等自體免疫疾病。

■如何調節免疫力？

1. **擁有適量運動的好習慣**：運動可以增強免疫細胞的數量及作戰力。

2. **要有充足的睡眠**：睡眠不足時會使免疫細胞的數目減少，而降低身體的免疫力。

3. **攝取足夠的優質蛋白質**：蛋白質是構成身體細胞的主要成分。可以多選擇豆類及海鮮、維生素 E、鋅、omega-3 脂肪酸等幫助維持免疫力的營養素。

4. **攝取足夠的蔬果及纖維**：蔬果富含各種維生素及植化素，如維生素 A、C、E、B_6、B_{12}，鋅、硒、銅、鐵，以及 β- 胡蘿蔔素、番茄紅素等，能夠幫助免疫系統發揮作用、對抗氧化與自由基傷害。

5. **應避免壓力**：高壓會抑制免疫系統、減弱免疫細胞的反應及作戰力。建議可以使用下列方法來減輕壓力，如多參加社交活動、擁有宗教信仰寄託、泡澡、聽音樂、閱讀、看展覽、旅行、曬太陽、開懷大笑等。

6. **應避免高油、高糖飲食**：要避免攝取過多油脂、精緻糖或甜食，以免因而抑制免疫系統功能。

7. **應避免吸菸、過度飲酒及咖啡因飲料**：香菸中的化學物質、酒精、咖啡因會影響免疫系統的辨識能力、降低免疫細胞的製造及活動力、降低抗體的產生能力。

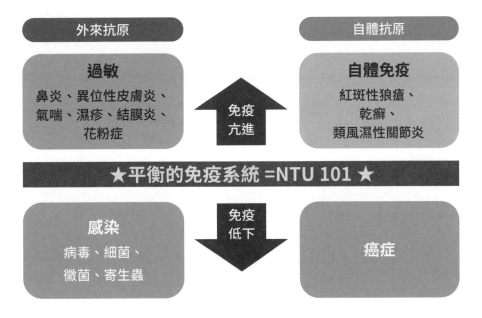

圖 44 益生菌 NTU 101 能適度在免疫亢進與免疫低下取得平衡，使身體維持在最佳狀況

■腸道是身體最重要的免疫器官

因為腸道具有很多纖毛，據統計腸道總表面積為足球場面積的 3 倍，是身體極為重要的器官（圖 45）。美國腸道菌權威史丹福大學教授大衛‧雷爾曼（David Relman）曾提出數據，說明腸道支配了 70% 免疫細胞與 80% 至 90% 的血清素，所以人是否會生病、情緒和頭腦好壞都與腸道健康有最直接的關係。

圖 45 因腸道表面有很多絨毛，據統計腸道的總表面積約等同於 3 個足球場大。

腸道皮層軸線（簡稱皮腸軸）

最近有個理論被提出──「腸道 - 皮層軸線理論」，到底如何由內而外誘發異位性皮膚炎？正常健康的腸道由許多腸道細胞排列，腸道細胞表面有許多細菌附著，形成腸道菌相，腸道細胞與腸道菌相會合作共同阻隔、過濾與吸收腸道物質進入體內，稱之為腸道屏障。腸道屏障內側聚集著許多免疫細胞，形成人體的第二層屏障，幫助身體辨識穿過腸道屏障的物質是否有害，如果有害則會誘發免疫反應而清除之（圖 46）(Exp Dermatol (2019) 28: 1210-1218.)。

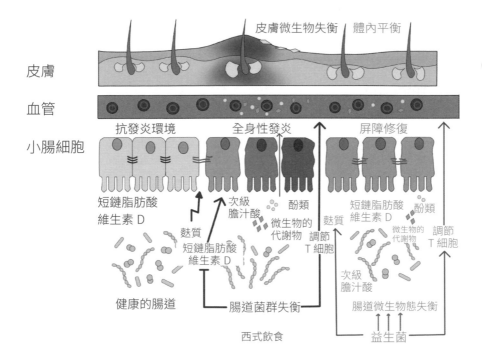

皮膚

血管

小腸細胞

皮膚微生物失衡　　體內平衡

抗發炎環境　　　全身性發炎　　　屏障修復

短鏈脂肪酸
維生素 D

麩質
短鏈脂肪酸
維生素 D

健康的腸道

次級
膽汁酸

微生物的
代謝物

酚類

麩質

調節
T 細胞

腸道菌群失衡

西式飲食

短鏈脂肪酸
維生素 D

酚類

微生物的
代謝物

調節
T 細胞

次級
膽汁酸

腸道微生物態失衡

益生菌

圖 46 腸道細胞與腸道菌相會合作共同阻隔、過濾與吸收腸道物質進入
體內，稱之為腸道屏障

資料來源：Exp Dermatol (2019) 28: 1210-1218.

■ 健康腸道細胞緊密連結，可避免腸腔物質進入體內誘發發炎反應

　　當腸道菌相在健康的狀態時，腸道菌會產生許多有益物質如短鏈脂肪酸、維生素 D 等，幫助腸道細胞產生連結蛋白，就像是水泥磚牆的概念，磚塊代表腸道細胞，連結蛋白就像是水泥，可以黏合磚塊與填滿磚塊間的縫隙，使腸道細胞間可以更緊密的連結，避免腸腔中的物質直接穿過腸道細胞屏障而進入體內。

■ 腸道微生物相失衡則會引發發炎現象

　　當腸道菌失去了平衡，腸道細胞之間的連結蛋白減少，腸

道細胞間有了空隙，腸道內的過敏原或是毒素就會經由腸道細胞間隙進入體內，誘發免疫系統的不正常反應，不正常的免疫細胞再經由循環系統擴散到全身各處，如到達皮膚造成局部的發炎狀態，就形成異位性皮膚炎 (相對的，若是到了氣管呼吸道，就容易造成氣喘，到了鼻子或是眼結膜，就容易造成過敏性鼻炎或是結膜炎)。

腸道菌可以幫助腸道中的免疫細胞建立正確的辨識能力，但是當腸道菌不平衡時，免疫細胞如巨噬細胞、樹突狀細胞等，負責辨識外來物的功能可能會不正常，而將有害程度低或無害的物質，辨認為有害而誘發後續的免疫反應，又或者是雖然辨認無誤，但傳遞訊息給其他免疫細胞（如 T 細胞或 B 細胞）時發生錯誤，而產生激烈的免疫反應，造成身體發炎等現象。

■ 益生菌使腸道微生態平衡，防止毒素穿過腸壁細胞，皮膚維持正常而不發炎

也因此，2019 年科學家在 《Experimental Dermatology 》期刊上發表論文 (Exp Dermatol. (2019) 28: 1210-1218.)，提出下列學說：如果使用益生菌的產品改善菌叢失去的平衡狀態，則腸道細胞間的連結蛋白就會更多或是修復完整，讓體內的毒素無法從腸道細胞之間隙通過，進而改善身體的過敏反應。

益生菌的免疫保健功效，可大致分為兩大類：(1) 提升免疫功能；(2) 減緩過敏反應。以下依序討論。

NTU 101 益生菌可以提升免疫力

■ 可以提升淋巴細胞增生能力（動物試驗）

　　我們曾對 NTU 101 益生菌提升免疫力方面之功效做過相關的探討，發現老鼠攝食 NTU 101 益生菌不同時間後，其脾臟中淋巴細胞增生指數顯著增加，即便停止餵食 NTU 101 益生菌對淋巴球增生能力效果仍能保持（表 14）(Int J Food Microbiol (2008) 128: 219-225.)。

表 14 餵食 NTU 101 益生菌不同時間點脾臟中淋巴細胞之增生指數

餵食時間	控制組脾臟中淋巴細胞之增生指數	實驗組脾臟中淋巴細胞之增生指數
餵食 3 周	4.62±0.40	5.56±0.37
餵食 6 周	6.03±0.77	8.74±0.56
餵食 9 周	7.77±0.97	20.46±0.59*
餵食 3 周後 7 天	5.07±0.24	6.78±0.41
餵食 6 周後 7 天	7.05±0.24	8.77±0.37
餵食 9 周後 7 天	6.86±0.43	11.49±2.17*

* 與控制組比較有顯著差異 (p<0.05)

資料來源：J Allergy Clin Immunol. (2019) 143: 894-913.

　　由表 14 得知：餵食 NTU 101 益生菌（10^9 株菌／天）第 9 周後對於淋巴球增生指數高於未餵食組（增加 163.3%），且即便停止餵食 7 天後，NTU 101 益生菌對淋巴球增生能力效果仍能保持（增加 67.5%）。

■ NTU 101 益生菌增加腸道 IgA 抗體表現（動物試驗）

　　以 NTU 101 益生菌連續餵食老鼠 6 及 9 周，餵食劑量為

10^9 株菌／天，結果如**圖47**所示，由圖可以看到 NTU 101 的餵食可以顯著增加腸道 IgA 抗體表現。以腸道組織切片圖分析 IgA 分泌細胞數量，黑色箭頭所指即為 IgA 分泌細胞。由圖可以明顯看到餵食 6 周後 IgA 抗體表現，實驗組明顯高於控制組。經確認 NTU 101 益生菌增強免疫力之效果，在連續餵 6 及 9 周後可增加 21.5% 與 19.7% 的腸道 IgA 抗體表現量 (Int Immunopharmacol (2010) 10: 791-798.)。

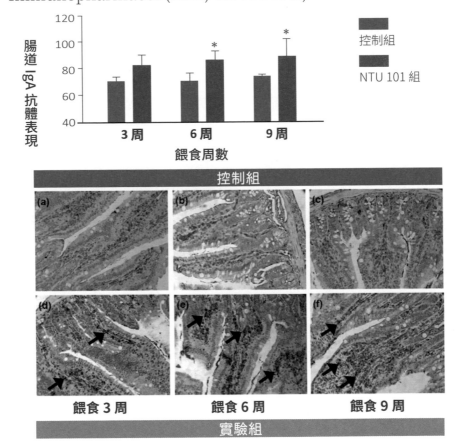

圖47 連續餵食 NTU 101 (10^9 CFU/day) 經 6 及 9 周後可顯著增加腸道 IgA 抗體表現。上圖為餵食 3 周、6 周及 9 周後腸道 IgA 抗體表現量之比較圖；下圖為腸道組織切片分析 IgA 分泌細胞數量。黑色箭頭所指即為 IgA 分泌細胞。

資料來源：Int Immunopharmacol (2010) 10: 791–798.

■ NTU 101 益生菌增強免疫力（人體臨床試驗）

　　為了瞭解 NTU 101 在增強人體免疫力之功效，乃於臺中中山醫學大學附設醫院執行了人體臨床試驗（美國衛生研究院 NIH 線上臨床數據註冊網站 ClinicalTrials.gov 之註冊編號：NCT 04046432；中山醫學大學附設醫院人體臨床試驗 IRB No: CHGH-IRB No: 538 105B–07）。試驗對象為 52 位健康受試者，試驗組與安慰劑組各 27 人（20 女 7 男）與 25 人（17 女 8 男）。

　　本試驗採用隨機雙盲設計，試驗組每日晚飯後服用 2 顆膠囊（含 100 mg NTU 101 益生菌粉，等同於含 100 億株 NTU 101 益生菌之菌粉），安慰劑組則服用外觀完全相同，但不含 NTU 101 菌粉之安慰劑，連續服用 4 周後測量血液中之免疫球蛋白 G（Immunoglobulin G, IgG）及免疫球蛋白 M（Immunoglobulin M, IgM）如圖 **48** 所示 (Heliyon 6 (2020) e04979.)。由圖可知 1 個月後，可以顯著增加血液中的 IgG 與 IgM。

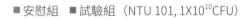

■ 安慰組　■ 試驗組（NTU 101, 1X10^{10}CFU）

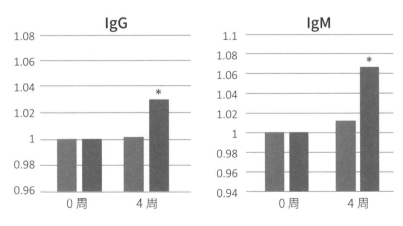

圖 48 人們連續服用 NTU 101 菌粉 4 周後可顯著增加血液中的免疫球蛋白 G (IgG) 及免疫球蛋白 M (IgM)

資料來源：Heliyon 6 (2020) e04979.

■ NTU 101 益生菌增強抗氧化力（人體臨床試驗）

　　為瞭解 NTU 101 在抗氧化傷害之效果，上述人體臨床試驗之檢體，也檢測了與抗氧化相關的生化指標，結果如圖 49 所示。由圖可知每人每日食用 NTU 101 益生菌，連續食用 1 個月後，可以顯著增加血漿中總抗氧化能力 (Trolox equivalent antioxidant capacity, TEAC)、谷胱甘肽 (glutathione, GSH) 含量、紅血球中谷胱甘肽氧化酶 (glutathione peroxidase, GSH Px) 及谷胱甘肽還原酶 (glutathione reductase, GSH Rd) 等抗氧化酵素之活性，並顯著降低脂質過氧化物 (thiobarbituric acid reactive substances, TBARs)(Heliyon 6 (2020) e04979.)。

　　由以上試驗結果得知：NTU 101 菌粉確實能增強人體的免疫力，避免受到氧化傷害。

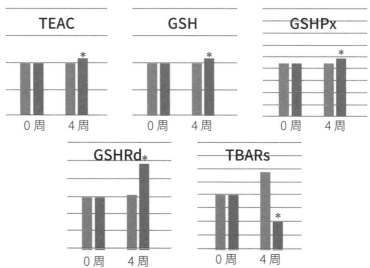

圖 49 連續服用 NTU 101 菌粉經過 4 周後可顯著增加總抗氧化能力 (TEAC)、谷胱甘肽 (GSH) 含量、紅血球中谷胱甘肽氧化酶 (GSHPx) 及谷胱甘肽還原酶 (GSHRd) 等抗氧化酵素之活性，並顯著降低脂質過氧化物 (TBARs)

資料來源：Heliyon 6 (2020) e04979.

NTU 101 益生菌可以減緩過敏症狀

■過敏進行曲

　　過敏是身體免疫反應的一種，過敏症狀來自於身體對外在「過敏原」的反應。在此說明過敏的連鎖反應，過敏性疾病的發病是一環扣一環，醫學上稱之為「過敏進行曲」，從新生兒與一歲以內的幼兒，最常見的是異位性皮膚炎及過敏性腸胃炎；一兩歲孩童可能發生「嬰幼兒型氣喘」；一直到成年，則是過敏性鼻炎，一部分人會合併過敏性結膜炎。所以過敏症狀是會隨著年齡而有所演進，在不同的年紀可能會帶來不同的困擾（圖50）。

　　研究顯示，普通人群中氣喘的發病率，兒童約為 9%，而成人則約為 7%。美國兒童中有 17%，而患有嚴重異位性皮膚炎的兒童中有 50% 至 70% 會繼續發展為氣喘。

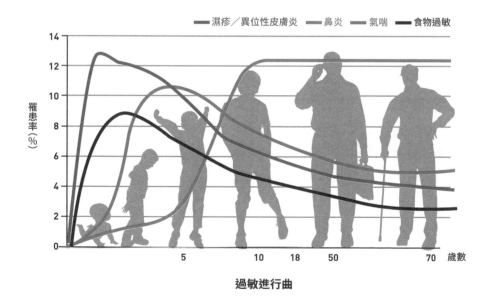

過敏進行曲

圖 50 各年齡層各種過敏之罹患率
資料來源：J Allergy Clin Immunol. (2019) 143: 894-913.

　　越來越多研究顯示，因為食物過敏造成的腸道微生態的混亂，會導致免疫球蛋白 E (Immunoglobulin E, Ig E) 表現升高，繼而逐漸導致異位性皮膚炎、氣喘等過敏性疾病。

■過敏抗體 IgE

　　IgE 是一種被稱為抗體的蛋白質。其為引發過敏反應的重要媒介，因此又稱為「過敏抗體」。如果對特定物質（過敏原）過敏，免疫系統就會將這種正常無害的物質（如花粉、塵蟎、牛奶等）誤認為對人體有害。於是當接觸到這種物質時，免疫系統會為了對抗這種物質而大量產生 IgE，並留在體內，當再次接觸到這種過敏物質時，IgE 抗體便會產生過敏反應。因此，過敏體質者血液中的 IgE 濃度會比較高。而每種過敏原都有能與其特異性結合的 IgE，也就是說，能與牛奶過敏原結合的 IgE 只會引起牛奶過敏症反應。

　　許多研究都指出過敏體質都源自腸道微生態失衡，也就是說如果能從小就預防或改善過敏性體質的發展，日後演變成其他過敏症狀的機率也會小非常多，也因此我們就可以理解為什麼益生菌的免疫調節功能會如此受到重視 (Scand J Immunol. (2020) 91: e12855.)。免疫調節是益生菌的基本功能，不同的菌株有不同的免疫調節模式，表現出多面向的不同生理機能，如感染防禦、發炎緩解等，都和免疫調節有關 (圖 51)。

■世界各地的異位性皮膚炎

　　異位性皮膚炎是一種難治性、復發性、炎症性皮膚病，以反覆發作的劇烈瘙癢和皮疹為主要臨床表現，患者常合併過敏性鼻炎、氣喘等其他症狀。多數患者會發生由皮膚開裂、結痂和滲液

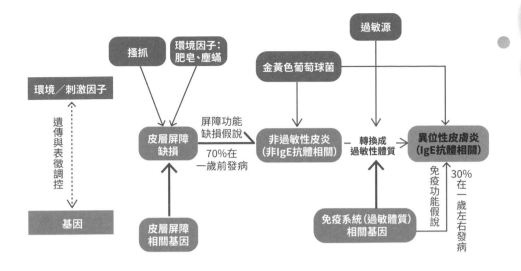

圖 51 異位性皮膚炎致病機轉

資料來源：https://www.medthority.com/atopic-dermatitis/disease-awareness/#tab-1

● 6-7歲　● 13-14歲　(註：圖內所示數字，前者為6-7歲，後者為13-14歲)

北美洲
10.1% / 7.9%

北歐及
東歐
6.1% / 5.1%

西歐
8.2% / 6.9%

東地中海
地區
4.8% / 6.3%

亞太地區
6-7歲：10.1%
13-14歲：6.3%

印度
次大陸
3% / 3.8%

拉丁美洲
10.0% / 8.2%

非洲
9.3% / 12.8%

大洋洲
15.6% / 9.8%

圖 52 異位性皮膚炎之流行病學

資料來源：https://www.pharmaceutical-journal.com/news-and-analysis/
infographics/atopic-dermatitis-emerging-and-current-treatments/20202373.
article?firstPass=false

等引起的疼痛和不適症狀。

在中國大陸患病率調查顯示：2000 年異位性皮膚炎患病率為 0.69%，但是到了 2017 年，濕疹、嬰兒濕疹、異位性皮膚炎的比例大幅增加至 18.71%，顯示異位性皮膚炎慢慢成為一個嚴重的問題 (Exp Dermatol. (2019) 28: 1210-1218. 與 Chinese Journal of Dermatology (2000) 33: 379-382.)。

世界各地異位性皮膚炎之流行情形如圖 52 所示，亞太地區 6 至 7 歲與 13 至 14 歲人口之罹患率分別為 10.1% 與 6.3%。

■異位性皮膚炎發生原因

發生異位性皮膚炎的原因有兩種推論：一種是由外而內，當皮膚保護層受損，外界的毒素、過敏原或刺激物質，穿過皮膚表層而接觸體內的免疫系統，因而誘發免疫系統的過度反應，造成皮膚各處的發炎、紅腫與搔癢狀態，形成異位性皮膚炎的各種症狀。

另一種則是由內而外，同樣是身體的免疫系統因為接觸毒素、過敏原或刺激物質，誘發免疫系統的過度反應，進而造成身體不同部位的過敏症狀，例如皮膚層的異位性皮膚炎、氣管呼吸道的氣喘，或是鼻子與眼結膜的過敏性鼻炎或結膜炎。

■異位性皮膚炎之動物試驗

近十幾年來，有許多臨床研究均探討不同益生菌對異位性皮膚炎的預防或治療效果，美國紐澤西醫學院的拜羅里教授於 2008 年對這些臨床研究做了統合分析，他們的結論是乳酸菌對於預防異位性皮膚炎的效果非常可以期待，而且越早開始補充，預防效果越好，然而治療仍需更多研究證實 (J Allergy Clin Immunol.

(2008) 121: 116-121.e11.)。

　　市面上有些特定的益生菌，是可以藉由改善腸道菌叢之生態，而改善異位性皮膚炎的過敏症狀。我們曾經與財團法人農業科技研究院 (以下簡稱農科院) 臨床藥理學實驗室合作，針對 NTU 101 對於異位性皮膚炎之改善效果做過詳細的研究 (動物實驗許可字號為 IACUC No: 106038)。實驗由 2017 年 4 月進行到 12 月，使用 BALB/c 系之小鼠共 40 隻，分成 5 組每組 8 隻。實驗分成治療組與預防組。

　　將卵清蛋白 (ovalbumin, OVA) 以腹腔注射方式進行小鼠全身致敏而誘發異位性皮膚炎模式鼠，而正常動物組則注射生理食鹽水。

　　益生菌對異位性皮膚炎之改善效果分預防組及治療組，預防組先給予 NTU 101 益生菌 (20.5 mg/kg/day) 28 天後，再誘發異位性皮膚炎。治療組是將小鼠誘導產生異位性皮膚炎後再服用 NTU 101 益生菌 (61.5 mg/kg/day)。

　　異位性皮膚炎之改善效果共測定：(1) 異位性皮膚炎小鼠局部過敏皮膚外觀評分；(2) 局部皮膚真皮層增厚程度；(3) 局部皮膚表皮細胞層增厚程度；(4) 局部皮膚炎症細胞浸潤；(5) 局部皮膚搔癢指數等 5 部分，茲將實驗結果列述於後。

　　異位性皮膚炎小鼠局部過敏皮膚外觀評分係依皮膚外觀照表 15 所示之評分原則進行評分，AD score 值越高表示症狀越嚴重。AD score 值之變化如圖 53 所示 (農科院益生菌對於異位性皮膚炎之功效評估報告)。

表 15 異位性皮膚炎判定評分 (Atopic Dermatitis Score)

無症狀	0 分
抓癢	1 分
紅腫	2 分
皮膚破損 / 脫屑	3 分
黏液、體液產生	4 分
黏液、體液產生 / 流膿 / 滲血	5 分

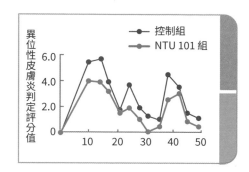 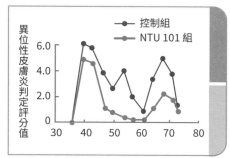

圖 53 異位性皮膚炎判定評分 (AD score) 值（左圖為預防組、右圖為治療組；黑色為控制組、藍色為 NTU 101 組）之變化

資料來源：益生菌對於異位性皮膚炎之功效評估報告

　　由上圖得知：治療與預防兩種模式對小鼠過敏皮膚之外表均有改善效果，其 AD score 值均有下降趨勢，預防模式之效果大於治療模式。

■口服 NTU 101 益生菌減緩局部皮膚真皮層增厚程度

　　為瞭解口服 NTU 101 益生菌對減緩異位性皮膚炎模式鼠局部皮膚真皮層增厚程度，乃於實驗終了時進行組織切片觀察，探討 NTU 101 益生菌對真皮層厚度增厚之情形，結果如圖 54 所示。

由圖 54 得知：NTU 101 益生菌對異位性皮膚炎模式鼠局部皮膚真皮層增厚程度之影響，治療與預防兩種模式均有改善效果，預防模式與治療模式各減少 50% 及 45%，以預防模式效果較顯著。

■ 口服 NTU 101 益生菌減緩局部皮膚表皮細胞層增厚

為確認在減緩異位性皮膚炎模式鼠局部皮膚表皮層增厚程度之效果，乃於實驗終了時進行組織切片觀察，探討 NTU 101 益生菌對表皮層厚度增厚之情形，結果如圖 55 所示。由圖 55 得知：NTU 101 益生菌對異位性皮膚炎模式鼠局部皮膚表皮細胞層增厚程度，治療與預防兩種模式均有改善效果，治療模式與預防模式各減少 32% 及 23%，治療組效果高於預防組。

■ 口服 NTU 101 益生菌降低局部皮膚搔癢指標

對於癢的原因，過去已有文獻 (Cell (2013) 155: 285-295.) 指出：胸腺基質淋巴細胞生成素 (thymic stromal lymphopoietin, TSLP) 可做為皮膚搔癢指標。

我們的研究團隊使用卵白蛋白 (Ovalbumin, OVA) 誘導小鼠產生異位性皮膚炎作為實驗模式，並比較有無以口服方式餵飼異位性皮膚炎小鼠 NTU 101 益生菌，小鼠皮膚中皮膚搔癢指標是否有所不同。結果顯示：服用 NTU 101 益生菌能夠降低異位性皮膚炎小鼠皮膚中皮膚搔癢指標，預防效果大於治療效果（圖 56 與 57）。

NTU 101 益生菌能降低皮膚搔癢指標，藉此降低異位性皮膚炎為患者所帶來的搔癢感，因而降低患者反覆抓傷患部帶來的惡性循環。

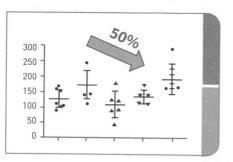

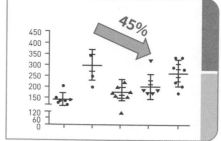

圖 54 NTU 101 益生菌對異位性皮膚炎模式鼠局部皮膚真皮層增厚程度（左圖為預防組，右圖為治療組）之影響，治療與預防兩種模式均有改善效果，預防模式之效果大於治療模式（預防組減少 50%，治療組減少 45%）

資料來源：農科院益生菌對於異位性皮膚炎之功效評估報告

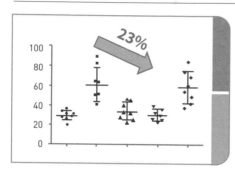

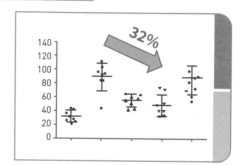

圖 55 NTU 101 益生菌對異位性皮膚炎模式鼠局部皮膚表皮細胞層增厚程度（左圖為預防組，右圖為治療組）之影響，治療與預防兩種模式均有改善效果，治療模式之效果大於預防模式（治療組減少 32%，預防組減少 23%）

資料來源：農科院益生菌對於異位性皮膚炎之功效評估報告

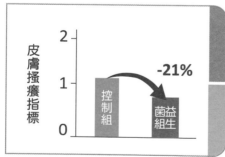

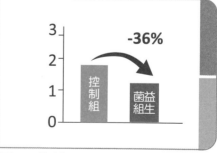

圖 56 以卵蛋白誘發異位性皮膚炎，在過敏症狀發生時，使用 NTU 101 益生菌（治療模式）的小鼠皮膚中有較低的皮膚搔癢指標。

資料來源：農科院益生菌對於異位性皮膚炎之功效評估報告

圖 57 先給予 NTU 101 益生菌 28 天後，再以卵蛋白誘發過敏，整個過程均餵飼 NTU 101 益生菌（預防模式）小鼠皮膚中有較低的皮膚搔癢指標。

資料來源：農科院益生菌對於異位性皮膚炎之功效評估報告

■異位性皮膚炎之改善測定

異位性皮膚炎小鼠誘導方式係以卵清蛋白 (ovalbumin, OVA) 誘發：以腹腔注射方式進行全身致敏，而正常動物組則注射生理食鹽水。局部致敏前將動物背部毛髮剃除，再於皮膚表面塗抹 OVA 後包紮固定進行局部刺激誘導，塗抹面積約 1 × 1 平方公分，正常動物組則塗抹生理食鹽水。

全身致敏以腹腔注射 OVA (20 μg/200 μL/mice) 後停滯 1 周，再以 OVA (100 μg/100 μL/mice) 刺激皮膚 7 天，此為 1 個循環，共需 3 個循環。腹腔注射致敏，治療組與預防組分別於第 1、15 及 29 天（治療組）以及第 40、54 與第 68 天（預防組）進行。

預防組則是先給予 NTU 101 益生菌 (20.5 mg/kg/day) 28 天後，將小鼠誘導產生異位性皮膚炎。治療組是將小鼠誘導產生異位性皮膚炎後再服用 NTU 101 益生菌 (61.5 mg/kg/day)，而整個實驗過程均服用 NTU 101 益生菌。

實驗共分 (1) 異位性皮膚炎小鼠局部過敏皮膚外觀評分；(2) 局部皮膚真皮層增厚程度；(3) 局部皮膚表皮細胞層增厚程度；(4) 局部皮膚炎症細胞浸潤與 (5) 局部皮膚搔癢指數等五部分。茲將實驗結果列述於後。

異位性皮膚炎小鼠局部過敏皮膚外觀評分係依皮膚外觀照下表（表 16）所示之評分原則進行評分，分數越高表示症狀越嚴重。皮膚之外觀圖與 AD score 值之變化如圖 58 所示。

表 16 異位性皮膚炎判定評分 (Atopic Dermatitis Score)

無症狀	0 分
抓癢	1 分
紅腫	2 分
皮膚破損 / 脫屑	3 分
黏液、體液產生	4 分
黏液、體液產生 / 流膿 / 滲血	5 分

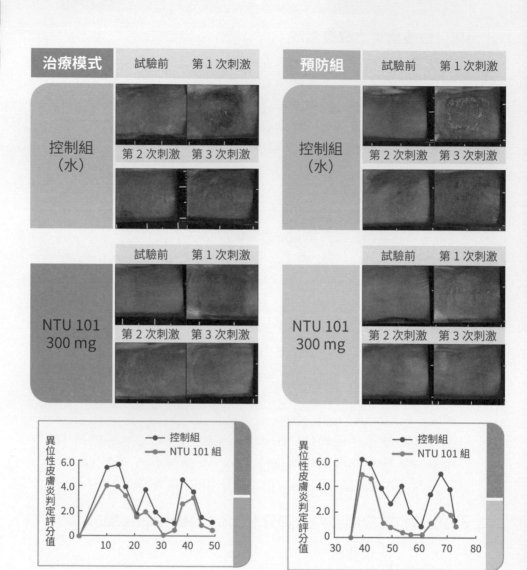

圖 58 刺激分 3 次進行，治療組與預防組分別於第 1、15 及 29 天以及第 40、54 與第 68 天進行，上圖為皮膚之外觀圖，下圖為異位性皮膚炎判定評分 (AD score 值)（黑色為控制組，藍色為 NTU 101 組）之變化

資料來源：農科院益生菌對於異位性皮膚炎之功效評估報告

由上圖得知：治療與預防兩種模式對小鼠過敏皮膚之外表均有改善效果，其 AD score 值均有下降趨勢，預防模式（右半部）之效果大於治療模式（左半部）。

▪口服 NTU 101 益生菌減緩局部皮膚真皮層增厚程度

為了解口服 NTU 101 益生菌對減緩異位性皮膚炎模式鼠局部皮膚真皮層增厚程度，乃於實驗終了時進行組織切片觀察，探討 NTU 101 益生菌對真皮層厚度增厚之情形，結果如**圖 59** 所示。由**圖 59** 得知：NTU 101 益生菌對異位性皮膚炎模式鼠局部皮膚真皮層增厚程度之影響，治療與預防兩種模式均有改善效果，預防模式與治療模式各減少 50% 及 45%，以預防模式效果較顯著。

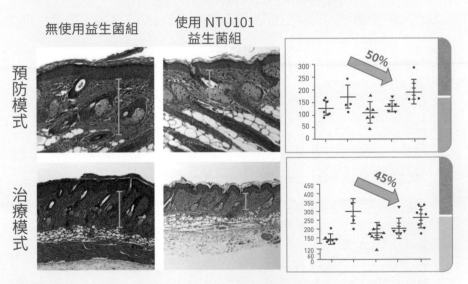

圖 59 NTU 101 益生菌對異位性皮膚炎模式鼠局部皮膚真皮層增厚程度（圖中黃色之 bar 長度）之影響，治療與預防兩種模式均有改善效果，預防模式之效果大於治療模式（預防組減少 50%，治療組減少 45%）

資料來源：農科院益生菌對於異位性皮膚炎之功效評估報告

■口服 NTU 101 益生菌減緩局部皮膚表皮細胞層增厚

為確認在減緩異位性皮膚炎模式鼠局部皮膚表皮層增厚程度之效果，乃於實驗終了時進行組織切片觀察，探討 NTU 101 益生菌對表皮層厚度增厚之情形，結果如圖 60（圖中黃色之直線長度）所示。由圖 60 得知：NTU 101 益生菌對異位性皮膚炎模式鼠局部皮膚表皮細胞層增厚程度，治療與預防兩種模式均有改善效果，治療模式與預防模式各減少 32% 及 23%。

■口服 NTU 101 益生菌降低局部皮膚搔癢指標

對於癢的原因，過去已有文獻 (Cell (2013) 155: 285-295.) 指出：胸腺基質淋巴細胞生成素 (thymic stromal lymphopoietin, TSLP) 可做為皮膚搔癢指標。

我們的研究團隊使用卵白蛋白 (Ovalbumin, OVA) 誘導小鼠產生異位

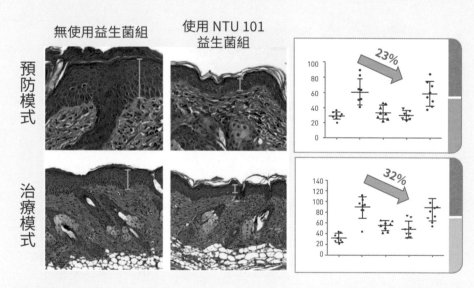

圖 60 NTU 101 益生菌對異位性皮膚炎模式鼠局部皮膚表皮細胞層增厚程度（圖中黃色之 bar 長度）之影響，治療與預防兩種模式均有改善效果，治療模式之效果大於預防模式（治療組減少 32%，預防組減少 23%）

資料來源：農科院益生菌對於異位性皮膚炎之功效評估報告

性皮膚炎作為實驗模式，並比較有無以口服方式餵飼異位性皮膚炎小鼠 NTU 101 益生菌，小鼠皮膚中皮膚搔癢指標是否有所不同。結果顯示：服用 NTU 101 益生菌能夠降低異位性皮膚炎小鼠皮膚中皮膚搔癢指標，預防效果大於治療效果（圖 61 與 62）。

NTU 101 益生菌能降低皮膚搔癢指標，藉此降低異位性皮膚炎為患者所帶來的搔癢感，因而降低患者反覆抓傷患部帶來的惡性循環。

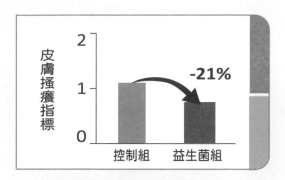

圖 61 以卵蛋白誘發異位性皮膚炎，在過敏症狀發生時，使用 NTU 101 益生菌（治療模式）的小鼠皮膚中有較低的皮膚搔癢指標。

資料來源：農科院益生菌對於異位性皮膚炎之功效評估報告

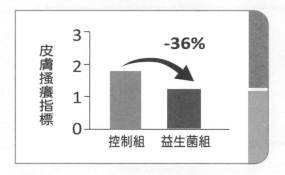

圖 62 先給予 NTU 101 益生菌 28 天後，再以卵蛋白誘發過敏，整個過程均餵飼 NTU 101 益生菌（預防模式）小鼠皮膚有較低的皮膚搔癢指標。

資料來源：農科院益生菌對於異位性皮膚炎之功效評估報告

■異位性皮膚炎之人體臨床試驗

我們與臨床醫師進行了一個小型的臨床試驗，配合醫院醫生給予 3 至 12 歲患異位性皮膚炎幼童進行為期 8 周的試驗。試驗對象為輕度至中度之異位性皮膚炎患者，試驗組與安慰劑組各 19 人（11 女 8 男）與 10 人（4 女 6 男）。受試者每天攝食 1 至 2 包的 NTU 101 益生菌菌粉（每包含有 50 億株益生菌）。

　　測驗項目包括：(1) 外觀病灶（紅腫、搔癢、皮膚損傷等）；(2) SCORAD-Index（異位性皮膚炎嚴重度量表）與 (3) 免疫球蛋白 IgE、嗜伊紅性白血球比例（Eosinophil）與嗜伊紅性白血球陽離子蛋白質 （Eosinophil cationic protein, ECP）。過敏的患者，通常上述這 3 個數值會升高。

　　茲將臨床試驗結果整理如圖 63。此外也收集到患者耳朵與腿部患處紅斑與疹塊服用 NTU 101 前後改善之情形 **（圖 64）**。

產品組外觀病灶改善程度分布　　　　　　**對照組外觀病灶改善程度分布**

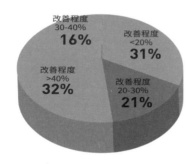
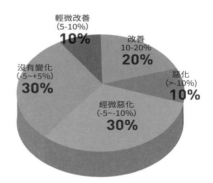

使用產品之試驗組 19 人　　　　　未使用產品之對照組 10 人
1. 全部試用者皆可感受病徵改善　　　1. 僅有 30% 患者病徵改善
2. 69% 的使用者改善程度 >20%　　　2. 40% 的患者病徵惡化
　　　　　　　　　　　　　　　　　3. 30% 的患者病徵無變化

圖 63 異位性皮膚炎之人體臨床試驗結果，由結果可得知服用 NTU 101 益生菌之患者有 69% 的患者改善程度大於 20%，而對照組僅有 30% 患者病徵有改善

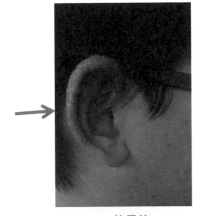

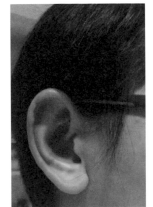

使用前　　　　　　　使用 8 周後

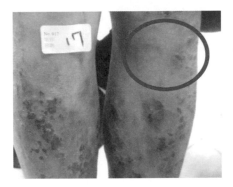
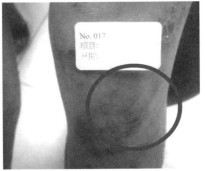

使用前　　　　　　　使用 6 周後

圖 64 異位性皮膚炎患者耳朵（上圖，箭號為患者耳部因異位性皮膚炎引起的紅斑與疹塊）與腿部（下圖）患處紅斑與疹塊在服用 NTU 101 前後改善之情形

| 第三章 |

代謝調節：
調降血脂、血糖、
血壓及體重控制

【本章研究重點摘要】

NTU 101 益生菌之代謝改善功能：

❶ 調節血脂：餵食 NTU 101 發酵產物動物試驗結果顯示：可降低肝臟總膽固醇 40%、降低肝臟三酸甘油酯 25%。

❷ 調節血壓：餵食 NTU 101 發酵產物可使血管之彈性蛋白排列整齊而調節血壓：動物試驗結果血壓調降約 20 mmHg。

❸ 調節血糖：餵食 NTU 101 發酵產物，動物試驗結果空腹血糖值調降 18.4 mg/dL。

❹ 控制體重：餵食 NTU 101 發酵產物，動物試驗結果顯示體重減少 30% 至 50%。

> **總結** NTU 101 益生菌在代謝改善功能方面具有：調節血脂、調節血壓、調節血糖與體重控制等四項保健功效。

高齡社會與代謝症候群

依世界衛生組織（World Health Organization, WHO）的定義，65 歲以上人口若達 7%，稱為高齡化社會，而達 14% 及 20% 則分別稱為高齡社會與超高齡社會。臺灣 65 歲及以上人口

於 1993 年超過 7.0%；2011 年起加速成長，至 2020 年 3 月底達 14.05%，正式成為高齡社會。

進入高齡社會，罹患代謝症候群的人會明顯增加，失智症乃隨之而來。所謂代謝症候群是指：(1) 腰圍太粗：男性 ≥ 90 cm、女性 ≥ 80 cm；(2) 血壓太高：收縮壓 / 舒張壓 ≥ 130/85 mmHg，或有高血壓病史；(3) 三酸甘油酯太高：三酸甘油酯 ≥ 150 mg/100 mL；(4) 高密度脂蛋白膽固醇（好的膽固醇）太低：男性 < 40 mg/100 mL、女性 < 50 mg/100 mL;(5) 空腹血糖太高：空腹血糖值 ≥ 100 mg/100 mL、或有糖尿病史。只要以上 5 項符合 3 項以上者，即稱為代謝症候群。

益生菌在代謝症候群改善之研究較少，茲將 NTU 101 在血脂、血壓、血糖與肥胖之調節功效說明如下。

益生菌與血脂調節

■血管阻塞與處理方式

人體代謝可將消化道消化、吸收之養分，由血管送到身體各部位，以補充生理活動之所需。如果人們攝取食物中膽固醇含量太高，其中的低密度脂蛋白膽固醇會在血管壁堆積，形成所謂的血栓，嚴重者會形成動脈阻塞（如圖 65 所示）。

| 正常動脈 | 膽固醇集結
在動脈 | 膽固醇開始
阻塞動脈 | 動脈幾乎阻塞，
心痛等症狀出現 |

圖 65 膽固醇堆積於血管壁，形成血栓與動脈阻塞

根據醫學參考書之敘述，透過電腦斷層冠狀動脈血管攝影可以精確診斷動脈阻塞程度，再依不同的阻塞程度，進行如表 17 所示的各種適當處理。

表 17 冠狀動脈血管阻塞程度與建議處理方式

阻塞程度	建議處理方式
10% 以下	運動及調節飲食
40% 以下	藥物治療與持續運動改善
50% 以上	必須進行侵入性治療或繼續採取藥物治療，須藉更精密檢測方式判定
超過 70%	必須進行氣球擴張術或是置放心血管支架

■ NTU 101 益生菌對膽固醇之調節作用（動物試驗）

我們曾進行 NTU 101 益生菌對膽固醇之調節作用。以高膽固醇飲食（含 2.0% 膽固醇）誘導老鼠 1 個月，使成為高膽固醇之模式鼠，再給予含 NTU 101 益生菌發酵液（約含 5 億株菌），試驗期間為期 8 周。飼養期間均遵照農委會於 2001 年 1 月 17 日公告 Hua-Zong-(1)-Yi-Tzi-900000 7530 之規範。

結果所得肝臟與糞便中之總膽固醇與三酸甘油酯如表 18 所示。由結果得知攝食 NTU 101 益生菌確實可以達到調節血脂之效 果（Appl Microbiol Biotechnol（2006）71: 238–245.）。表 19 所示為以 NTU 101 生產之健康食品產品資料。

表 18 NTU 101 益生菌對血脂之調節作用

組別	肝臟		糞便	
	總膽固醇 (mg/g)	三酸甘油酯 (mg/g)	總膽固醇 (mg/g)	三酸甘油酯 (mg/g)
正常組	6.35 ± 0.20^a	11.83 ± 0.36^a	18.99 ± 0.76^a	41.61 ± 4.47^a
高膽固醇組	21.32 ± 0.71^d	26.28 ± 1.53^d	21.31 ± 0.74^b	43.56 ± 6.45^a
NTU 101 組	12.72 ± 0.53^c	16.49 ± 0.58^c	22.35 ± 0.29^{bc}	39.37 ± 9.03^a

a,b,c,d 與正常組比較有顯著差異

資料來源：Appl Microbiol Biotechnol（2006）71: 238–245.

表 19 以 NTU 101 生產之健康食品產品

許可證字號	衛部健食字第 A00279 號
中文品名	雙暢優高品質機能優酪乳（低脂原味）
核可日期	2015/8/22
申請商	○○食品工業股份有限公司
保健功效相關成分	*Lactobacillus paracasei* NTU 101 乳酸菌
保健功效	調節血脂功能
保健功效宣稱	經動物實驗證實： (1) 有助於降低血中總膽固醇。 (2) 有助於降低血中 LDL-C/HDL-C。

\# 本產品雖通過衛生福利部健康食品認證，因故並未上市

益生菌與血壓調節

■ NTU 101 益生菌之血壓調節功能評估（動物試驗）

在益生菌的發酵液中常含有調節血壓之功效成分如 γ- 胺基丁酸（gamma amino butyric acid, GABA），故有多個市售產品通過衛生福利部健康食品調節血壓之功效認證。我們也曾經進行 NTU 101 益生菌之血壓調節功效評估。在此評估試驗中，使用的高血壓模式鼠是京都種自發性高血壓大鼠（spontaneous hypertension rats, SHR），此為日本學者培育而得的鼠種，可由動物培育單位提供，免去自己誘導模式鼠的麻煩。因老鼠血管很細，血壓測定不易，乃使用非侵入式血壓機測量大鼠的尾脈搏（圖 66）。

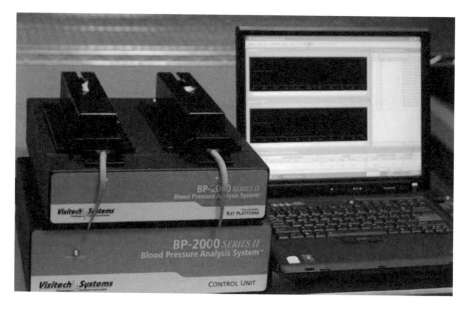

圖 66 動物血壓測量使用非侵入式血壓機測量大鼠的尾脈搏

■ NTU 101 對單次與長期之收縮壓及舒張壓調節效果

　　血壓是血流衝擊血管壁引起的一種壓力，當心臟收縮時血管內壓力較高，此時所測得的血壓稱為收縮壓（systolic blood pressure, SBP）；心臟舒張時壓力較低，此時所得的血壓稱為舒張壓（diastolic blood pressure, DBP）。將各組大鼠之單次收縮壓與舒張壓，以及長期之收縮壓與舒張壓示如**圖 67 與 68**。由圖可見：不論是單次或長期數據均顯示，NTU 101 發酵乳對高血壓模式大鼠的收縮壓或舒張壓均具有調節的功能（J. Agric. Food Chem. (2011) 59: 4537-4543.）。

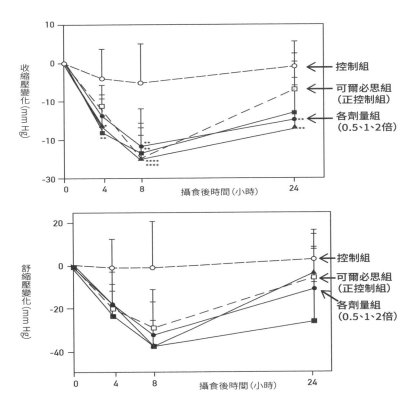

圖67 單次餵食 NTU 101 發酵乳後，SHR 高血壓模式大鼠收縮壓（上圖）與舒張壓（下圖）變化（n=6）

*$p<0.05$, **$p<0.01$, ***$p<0.001$

資料來源：J. Agric. Food Chem. (2011) 59: 4537–4543.

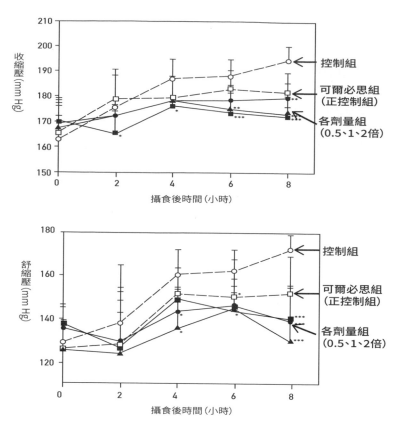

圖68 長期餵食NTU 101發酵乳後，SHR高血壓模式大鼠收縮壓（上圖）與舒張壓（下圖）變化（n=8）

*$p<0.05$,**$p<0.01$,***$p<0.001$
資料來源：J. Agric. Food Chem. (2011) 59: 4537–4543.

■ NTU 101 發酵乳對動物血管厚度及彈性蛋白排列之影響

在調節血壓動物試驗完成、動物犧牲後取動物血管進行染色後，觀察 NTU 101 發酵乳對動物血管厚度及彈性蛋白排列之影響，結果示如**圖69**。由圖可得知：攝食 NTU 101 發酵乳組血管厚度較控制組為薄，且彈性蛋白排列也較為整齊，由於血管壁彈性較好，調節血壓的效果也較理想。(J. Agric. Food Chem. (2011) 59: 4537-4543.)

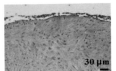 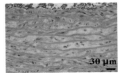 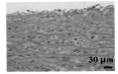 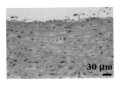

| 控制組 | NTU 101 發酵乳
0.5 倍劑量組 | NTU 101 發酵乳
1 倍劑量組 | NTU 101 發酵乳
2 倍劑量組 |

圖 69 NTU 101 發酵乳對動物血管厚度及彈性蛋白排列之影響，由圖可見血管厚度較控制組薄，彈性蛋白排列也較為整齊

資料來源：J. Agric. Food Chem. (2011) 59: 4537–4543.

益生菌與血糖調節

■糖尿病在台灣

根據衛生福利部統計，糖尿病為現代常見之慢性疾病，在國人十大死因中糖尿病名列第四，已逾 20 年位居前五位，而糖尿病所引起之併發症如心臟疾病、腦血管疾病、高血壓及腎臟病等亦皆名列國人十大死因，因此糖尿病的防治已成為重要的公衛議題。

糖尿病患者中 90% 至 95% 屬於第二型糖尿病，疾病初期肝臟、肌肉及脂肪等周邊組織對胰島素的敏感度下降，造成空腹血糖異常，並產生葡萄糖耐受不良，此階段稱為糖尿病前期，若飲食習慣及生活型態不加以導正，則罹患第二型糖尿病及心血管疾病之風險增高。若能及早發現，於疾病前期透過飲食控制、減重及運動控制血糖，仍可能使血糖回復至正常值。

血糖為血液中之葡萄糖。消化後的葡萄糖由小腸進入血液，並被運輸到各個細胞，為細胞主要能量來源。胰島素為一種蛋白質激素，由胰臟內胰島 β 細胞分泌。缺乏胰島素會導致血糖過高及糖尿病，故胰島素可用於治療糖尿病。

血液中葡萄糖進入紅血球與血色素結合後便形成糖化血色素，紅血球平均壽命約為 120 天，因此糖化血色素可作為近 2 至 3 個月之平均血糖指標，血糖愈高則糖化血色素比例愈高。表 20 為世界衛生組織糖尿病診斷標準。

表 20 世界衛生組織糖尿病診斷標準

條件	餐後（2 小時）血糖	空腹血糖	糖化血色素（HbA1c）
單位	mg/dL	mg/dL	%
正常值	<140	<110	<6.0
空腹血糖偏高	<140	≧ 110 及 <126	6.0-6.4
葡萄糖耐受性不良	≧ 140	<126	6.0-6.4
糖尿病	≧ 200	≧ 126	≧ 6.5

*HbA1c（糖化血色素）：人體血液中的紅血球所含有之血色素。當血液中葡萄糖進入紅血球，和血紅素結合後就形成糖化血色素。一般紅血球平均壽命為 120 天，葡萄糖附在血色素上不容易脫落，因此檢查血液中糖化血色素的濃度，可以反映體內最近 2 至 3 個月的血糖控制情況。

■**糖尿病之典型症狀**

一般典型糖尿病的症狀為「三多一少」，三多就是吃多、喝多與尿多；而一少就是體重減少（圖 70）。如有此現象就要多加留意。

糖尿病會引起引發眼睛、腎臟、腦部心臟、神經及足部等非常多的病變，詳細整理如圖 71。如有傷口則很容易感染，不容易癒合，常會需要截肢，需要非常小心照料。

吃多 　　　　 喝多 　　　　 尿多 　　　　 體重減少

圖 70 糖尿病之典型症狀：三多一少

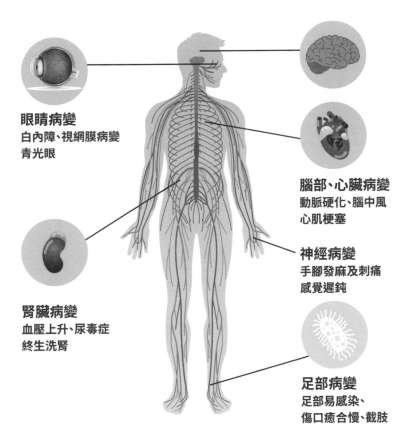

眼睛病變
白內障、視網膜病變
青光眼

腦部、心臟病變
動脈硬化、腦中風
心肌梗塞

神經病變
手腳發麻及刺痛
感覺遲鈍

腎臟病變
血壓上升、尿毒症
終生洗腎

足部病變
足部易感染、
傷口癒合慢、截肢

圖 71 糖尿病會引起引發眼睛、腎臟、腦部心臟、神經及足部等病變

■ NTU 101 之調節血糖功效評估（動物試驗）

　　近年有許多文獻指出腸道菌相與體內代謝有關，我們研究室所分離出之本土益生菌 NTU 101 於先前的研究中已被證實具有改善腸道菌相、抗發炎、預防肥胖、調節血脂等功效，故推測其對於飲食所誘發之糖尿病前期症狀亦應具有調節血糖之功效。

　　本研究以高脂高果糖飲食誘發大鼠產生胰島素抗性及葡萄糖不耐等病徵，再攝食 NTU 101 菌粉，探討 NTU 101 菌粉之血糖調節作用。NTU 101 益生菌粉改善血糖之研究成果，已發表於國際知名學術期刊──《機能性食品期刊》（Journal of Functional Food (2016) 24: 472-481.）。

（一）動物分組

　　實驗將大鼠分為控制組（n=7）及高脂高果糖飲食組（n=35），於實驗期第 12 周進行口服葡萄糖耐受性試驗，確認已誘發大鼠產生葡萄糖耐受不良後，將高脂高果糖飲食組（n=35）分為 5 組（n=7），包括：(1) 高脂高果糖飲食組；(2) 正控制組（餵飼已證實具有調節血糖作用之膳食纖維「Fibersol-2」，其為通過日本厚生省認可之血糖調節素材）以及 (3) 低劑量益生菌組；(4) 中劑量益生菌組；(5) 高劑量益生菌組（每隻大鼠每天各攝取一千萬、一億與十億株NTU 101 菌株）。

（二）實驗流程

　　於第 20 周進行口服葡萄糖耐受性試驗，並於第 21 周進行犧牲，實驗流程如**圖 72** 所示。NTU 101 菌粉及膳食纖維依劑量溶於去離子水後餵飼大鼠，每隻大鼠每天管餵 1 mL 樣品。

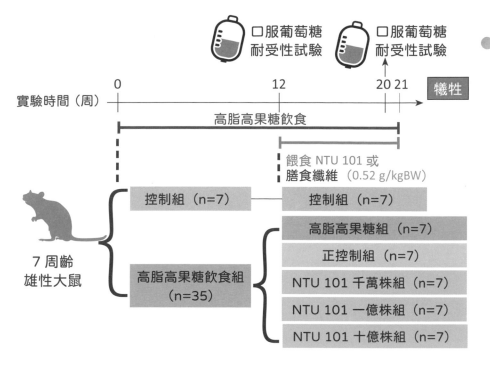

圖 72 益生菌改善糖尿病之實驗流程與分組

　　第 21 周高脂高果糖組之空腹血糖、空腹胰島素濃度與胰島素抗性皆顯著高於控制組（$p<0.05$ 或 $p<0.001$），顯示高脂高果糖組已產生高胰島素血症及胰島素抗性等代謝異常，而攝食膳食纖維及低、中、高劑量 NTU 101 菌粉組則能顯著降低實驗動物之空腹血糖、胰島素濃度及胰島素抗性（表 21）。

　　圖 73 結果顯示高脂高果糖組第 12 周糖化血色素百分比顯著高於控制組（$p < 0.01$），顯示成功誘導出糖尿病模式鼠。而在攝食膳食纖維或 NTU 101 菌粉 9 周後（試驗第 21 周）攝食膳食纖維組及低、中、高劑量益生菌組，其空腹血糖值、胰島素濃度與胰島素抗性（表 21）及糖化血色素百分比（圖 73）皆顯著低於高脂高果糖組（$p < 0.05$）。

綜合上述結果，在已誘發葡萄糖不耐之情形下，NTU 101 菌粉仍具有調節血糖之功效，且效果較膳食纖維組顯著。

表 21 各組大鼠之空腹血糖、胰島素濃度與胰島素抗性

組別	空腹血糖值 (mg/dL)	胰島素濃度 (μg/L)	胰島素抗性 HOMA-IR
控制組	91.3 ±2.6	0.71 ±0.03	4.82 ±0.38
高脂高果糖組	105.3 ±2.3#	1.73 ±0.17***	12.54 ±1.42***
正控制組（膳食纖維組）	96.4 ±3.9**	1.03 ±0.08###	7.30 ±0.59###
NTU 101（千萬個菌／日）	90.0 ±2.2##	1.03 ±0.07###	6.98 ±0.53###
NTU 101（億個菌／日）	85.9 ±1.7###	1.02 ±0.11###	6.31 ±0.79###
NTU 101（十億個菌／日）	89.9 ±3.1##	1.00 ±0.10###	6.57 ±0.74###

**p<0.01 高脂高果糖組與控制組比較；#*p*<0.05, ##*p*<0.01 正控制組或攝食菌粉組與高脂高果糖組比較

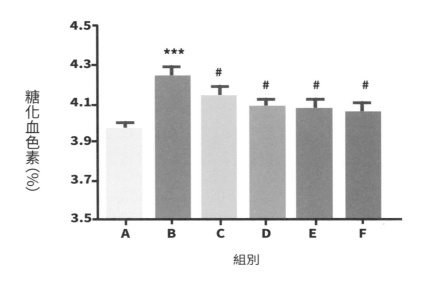

圖 73 實驗大鼠於第 21 周之糖化血色素百分比（A：控制組、B：高脂高果糖組、C：攝食膳食纖維之正控制組、D-F：攝食低、中、高劑量益生菌組）

益生菌與體重控制

　　由於生活習慣改變，如運動量減少、攝食太多高熱量飲食，全球肥胖人口不斷增加，如何控制體重已是全球人們的重要議題。

■速食與肥胖的關係

　　美國電影人摩根史裴洛（Morgan Superlock）拍自身進行之紀錄片——《麥胖報告》（Super Size Me），獲得 2004 年日本影展及愛丁堡影展最佳導演獎。其進行方式係 30 天內每天三餐只吃麥當勞食物與飲品（包括水）；當點餐時被詢問要不要加大時必須說——要，而且所有食物均要吃完。

　　統計得知他在 30 天內共吃下了 13 kg 的糖與 5 kg 的脂肪。再做身體檢查，發現體重增加了 11 kg；膽固醇則增加了 65%，進一步做各種生理檢測，發現罹患了肝中毒、高血壓、體脂肪飆高、性能力下降等現象。以上結果或許能說明為什麼喜歡吃速食的人，體重常常往上飆。

■ NTU 101 控制體重之體外細胞試驗

　　肥胖是導致心血管疾病與糖尿病之危險因子，本研究利用體外細胞實驗評估益生菌 NTU 101 對 3T3-L1 前脂肪細胞中油滴累積之影響。以 3T3-L1 前脂肪細胞株作為試驗材料，探討益生菌 NTU 101 對前脂肪細胞增生、分化之影響，並分析成熟脂肪細胞脂解作用（lipolysis）及脂蛋白脂解酶（lipoprotein lipase, LPL）活性之變化。

　　3T3-L1 前脂肪細胞中如堆積脂肪，以油紅 O（oil red O）染色時，細胞中之三酸甘油酯油滴會被染成紅色。細胞實驗結果

顯示：NTU 101 益生菌具有抑制 3T3-L1 前脂肪細胞增生之效果，使得油紅 O 染色所呈現紅色減弱（**圖 74**）。

體外細胞實驗結果顯示：NTU 101 菌粉具抑制前脂肪細胞增生、分化之效果，最高抑制率分別為 26.8% 及 53.1%。

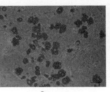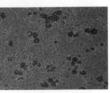

控制組	$1x10^6$ CFU/mL	$1x10^8$ CFU/mL	$1x10^{10}$ CFU/mL

圖 74 誘導分化第 9 天對 3T3-L1 前脂肪細胞進行油紅 O 染色，三酸甘油酯油滴會呈現紅色，NTU 101 菌數為 $1x10^6$、$1x10^8$ 或 $1x10^{10}$ 皆能減少 3T3-L1 前脂肪細胞中累積之油滴。

資料來源：J Fun Food (2013) 5: 905-913.

■ NTU 101 控制體重之體內動物試驗

以 NTU 101 發酵牛奶製成之粉末（含不同菌數）或以 NTU 101 發酵豆奶（fermented soy milk, FSM，亦含不同菌數）餵飼雄性 SD 大鼠 5 周後，量測體重及脂肪墊重量，探討其對體重控制功效。結果如**圖 75** 與 **76** 所示。

由**圖 75** 得知 NTU 101 發酵牛奶或豆奶製成之粉末對體重均有調控之效果，發酵豆奶調控體重之效果（每天攝食 10^6、10^8 與 10^{10} 株 NTU 101，可將體重降至原體重之 71.5% 到 50.3%）要比發酵牛奶調控體重之效果好（調降至 73.6% 到 70.5%）。

以 NTU 101 發酵牛奶製成之粉末餵飼肥胖鼠，對脂肪墊重量亦有調控之效果，餵飼高脂飲食可使脂肪墊重量增加 162.4%，顯示肥胖鼠誘導成功。餵飼 10^6、10^8 及 10^{10} CFU 的

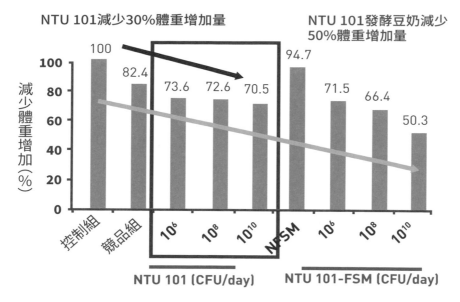

圖 75 餵飼 NTU 101 發酵牛奶製成之粉末（含不同菌數）或以 NTU 101 發酵豆奶（fermented soy milk，FSM，亦含不同菌數）對體重之影響。

資料來源：J Fun Food (2013) 5: 905-913.

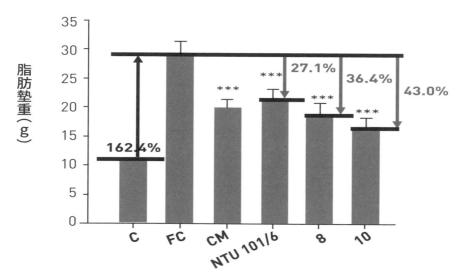

C：控制組；FC：高油脂飲食組；CM：正控制組（市售益生菌粉）；
NTU 101/6, 8, 10：攝食 NTU 101 菌數各為 10^6, 10^8 及 10^{10} CFU

圖 76 餵飼 NTU 101 發酵牛奶製成之粉末（含不同菌數）對體重之影響。
資料來源：J Fun Food (2013) 5: 905-913.

NTU 101 菌粉，可以使肥胖鼠脂肪墊重量下降 27.1%、36.4% 與 43.0%（圖 76）。

一般肥胖鼠可能是其脂肪細胞數目增多，或是脂肪細胞數目不變而是脂肪細胞體積變大了。為探討其原因，乃將餵飼一般飼料與高脂飼料之 SD 大鼠在餵飼 8 周後犧牲，探討 NTU 101 對肥胖 SD 鼠脂肪細胞大小、直徑與截面積之影響。結果如圖 77 所示。

由圖可以看到高熱量飲食組使脂肪細胞之大小比起正常飲食組增加甚多，而攝食茶裏王烏龍茶之正控制組或 NTU 101 益生菌之試驗組則比高熱量飲食組脂肪細胞之大小要小得多。脂肪細胞之直徑或截面積與 NTU 101 益生菌之試驗組與高熱量飲食組比較則變化不多。由以上資料判斷，NTU 101 益生菌之體重調節主要是使脂肪細胞之體積變小，脂肪細胞之數目則影響較小。

2004 美國科學院院士、華盛頓大學教授杰弗瑞·高登於知名研究期刊美國科學院院刊（PNAS）發表論文。論文中提到：遺傳上有肥胖傾向老鼠：環境配合就會胖。換成無菌環境後，天生肥胖傾向被壓制下來（圖 78）。

文中也提到：志願接受瘦人腸內菌，以取代自己原先菌的胖人：6 周後，血清內胰島素敏感性明顯地增加了，表示在人身上，腸內菌也可以影響肥瘦。

前中國上海交通大學教授趙立平（已轉到美國紐澤西州立大學任教）領導的實驗室發現，肥胖鼠和瘦鼠有不一樣的腸道菌相，肥胖鼠的腸道有較多的厚壁菌門（Firmicutes）菌，較少的擬桿菌屬（Bacteroides）菌，若把胖鼠腸內的菌種移給瘦鼠，會讓本來吃不胖的小鼠嚴重「發福」；而透過營養配方干預，減少致胖菌，人也能減重。

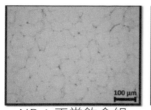
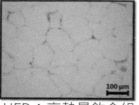
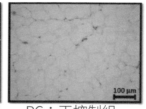

ND：正常飲食組　　HFD：高熱量飲食組　　PC：正控制組

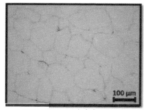
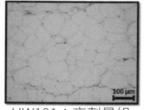

LW101：低劑量組　　HW101：高劑量組

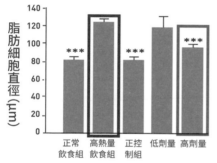
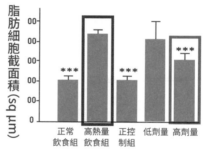

圖 77 攝食 NTU 101 益生菌對於 SD 大鼠脂肪細胞之大小、直徑與截面積之影響。ND：正常飲食組、HFD：高熱量飲食組、PC：正控制組（290 mg/kg BW/day 茶裏王烏龍茶，含 catechin 39.68 mg 及茶多酚 99.20 mg，為通過健康食品認證之產品）；LW101：低劑量（15 mg 菌粉 / kg BW/day）組；HW101：高劑量（150 mg 菌粉 /kg BW/day）組。

資料來源：Food & Function (2015) 6: 3522-3530.

　　然而可否使用腸道微生物移植（糞便移植）來改善肥胖，仍有爭論。雖然艱難梭菌已被允許使用腸道微生物移植來取代抗生素治療，但肥胖畢竟沒有像艱難梭菌般嚴重影響生命，或許還要觀察一段時日，待有更多安全數據後才能被大家公認可應用於臨床上。

第三章：代謝調節：調降血脂、血糖、血壓及體重控制

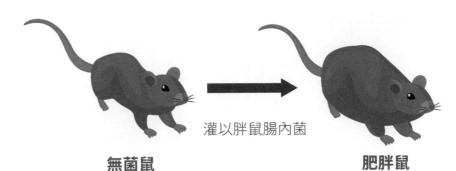

無菌鼠

（以剖腹方式生產的小
鼠，全養在無菌環境內）

灌以胖鼠腸內菌

肥胖鼠

體重增加 60% 且對胰島
素產生阻抗

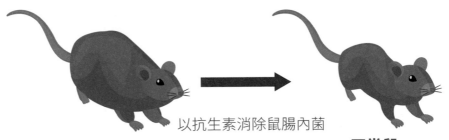

**剔除瘦體素
基因鼠**

以抗生素消除鼠腸內菌

正常鼠

食量降低
發炎度下降
胰島素抗性下降

圖 78 華盛頓大學教授杰弗瑞・高登於知名研究期刊美國科學院院刊
（PNAS）發表論文，說明老鼠的胖瘦會受腸內微生物影響。

次世代益生菌與肥胖改善

　　有研究將黏蛋白艾克曼氏菌（*Akkermansia muciniphila*）活菌經巴斯德氏殺菌法（Pasteurization）處理之黏蛋白艾克曼氏菌以及其分泌之胞外泌體，以口服方式給予使用高脂肪飲食誘導的肥胖小鼠，結果顯示巴斯德氏殺菌之黏蛋白艾克曼氏菌及其所分泌之胞外泌體，完全抑制了高脂肪飲食所引起之腸道發炎，避免腸道通透性增加。此外與肥胖相關的致病微生物豐度（占全部菌數比率）下降且有益健康之腸道微生物群豐度增加，避免因肥胖所引起之腸道菌相失衡，因此次世代益生菌黏蛋白艾克曼氏菌及其所分泌之胞外泌體可以維持腸道狀態穩定，且改變腸道菌相組成，進而預防小鼠因高脂肪飲食誘導的肥胖（Ashrafian et al., 2021）。

　　至於腸道微生物如何影響動物之肥胖，我們也在《Applied Microbiology and Biotechnology》 期 刊（Appl Microbiol Biotechnol (2014) 98: 1-10.）找到一些說法，茲將其摘錄於後，以供有興趣讀者參考 **（圖 79）**。

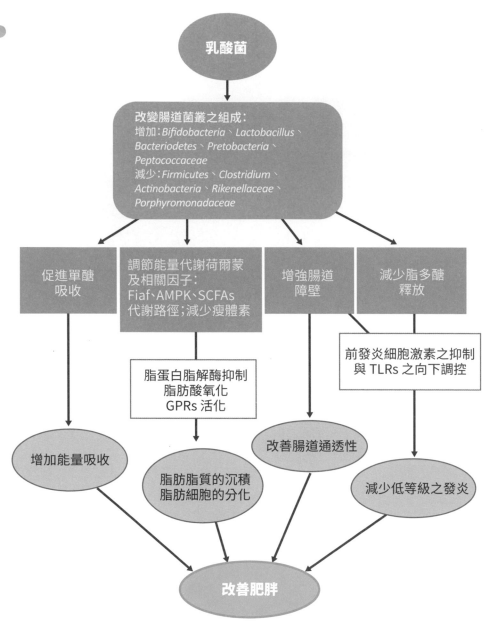

圖 79 益生菌之體重控制係靠攝食益生菌後改變腸道菌相因而調節能量代謝而達成。

資料來源：Appl Microbiol Biotechnol (2014) 98: 1–10.

神經精神退化減緩：改善中風與失智等身心記憶衰退

【本章研究重點摘要】

NTU 101 益生菌之第四代神經精神功能：腦中風大鼠餵食 NTU 101 發酵產物，其學習記憶能力之改善效果如下：

❶ 明暗室之被動迴避試驗：改善 8.3%；

❷ 水迷宮之參考記憶（長期記憶）試驗：改善 30.0%；

❸ 水迷宮之工作記憶試驗（短期記憶）：改善 40.8%；

❺ 水迷宮之空間性探測試驗：改善 17.8%。

> **總結** NTU 101 益生菌在神經精神功能方面可以：改善腦中風大鼠之學習記憶能力功效。

菌—腸—腦軸線的平衡

腸—腦軸線（gut-brain axis）亦被稱為腸腦軸，是大腦和腸消化道兩個器官間的溝通橋樑，其中腸道中的菌群對此軸線極為重要，三者相互影響並調控全身各種生理作用。從腦部早期發育到晚期老年的神經疾病皆與此連結軸線有著密切的關係。

「腸—腦軸線」這個詞已延伸來描述腸道菌株與腸道表

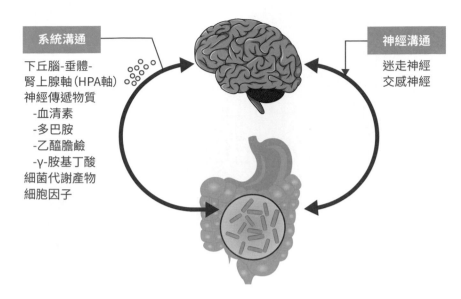

系統溝通

下丘腦-垂體-
腎上腺軸(HPA軸)
神經傳遞物質
　-血清素
　-多巴胺
　-乙醯膽鹼
　-γ-胺基丁酸
細菌代謝產物
細胞因子

神經溝通

迷走神經
交感神經

圖 80 腦腸軸線運作機制

資料來源：Brain Behav Immun. (2014) 38: 1–12.

皮細胞交互作用中的角色，故很多人稱其為菌—腸—腦軸線
（microbiome-gut-brain axis），此名稱能更具體指出腸道菌
株在其中扮演角色的重要性。

　　以較廣的定義來看，腸—腦軸線包括中樞神經系統、中樞內
分泌系統、中樞免疫系統，以及腸道中的微生物群。

　　研究者對此領域開始關注是因為 2004 年的一篇研究報
告，發現腸道中沒有菌種的小鼠，其對壓力的反應比一般腸
道中有菌種的小鼠要顯著許多。因此目前在實驗室或是人體臨
床的研究，主要針對腸道菌種在腸—腦軸線中的角色進行分
析，以及分析腸道菌相刺激腸—腦軸線產生的神經傳導物質，
如血清素（serotonin）、多巴胺（dopamine）、乙醯膽鹼
（acetylcholine）與 γ- 胺 基 丁 酸（γ-aminobutyric acid,
GABA）對大腦中樞神經系統的影響（圖 80、81）。

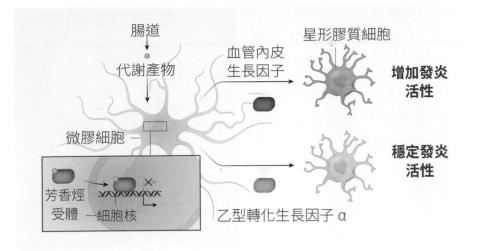

圖 81 腸—腦軸線（The Gut-Brain Axis）——身體的第二個大腦

資料來源：《自然》（Nature）雜誌社網站

在過去近 20 年的研究中，科學家已清楚地注意到腸道菌相對人體的重要性，且在臨床上證實，在破壞菌—腸—腦軸線的平衡時，會誘導自體免疫系統對神經系統的攻擊，導致神經系統的訊息傳遞受損，也導致一系列可能發生的症狀，影響患者的運動功能、心智能力、甚至精神狀態的損傷。

血腦屏障（blood brain barrier, BBB）

19 世紀末，微生物學家保羅·埃利希（Paul Ehrlich）為了想讓微形生物結構能被看見而鑽研染色技術。當他將染劑注入小鼠的循環系統中，發現小鼠體內的所有器官，如腎臟、肝臟以及心臟在顯微鏡下都呈現藍色，只有腦部未被染色。幾年後，他的學生將染劑注入生物體脊髓中，發現相反的結果：只有腦部呈現藍色，其他器官皆沒有被染色。

因此他們推測，腦和血液之間有一層屏障，只是不知道那層屏障在哪裡。直到 1960 年代，掃描式電子顯微鏡（比一般顯微鏡放大率約高出 5000 倍）被用於醫學研究，這層神祕的屏障才被發現。

這個屏障被稱為「血腦屏障」或「血腦障壁」，除了氧氣、二氧化碳和血糖外，幾乎不讓任何物質通過，大部分的藥物和蛋白質由於分子結構過大而無法通過。所以保健食品要能對腦部的某些功能發揮功效，就必須要考慮該功效成分是否可以通過血腦屏障。

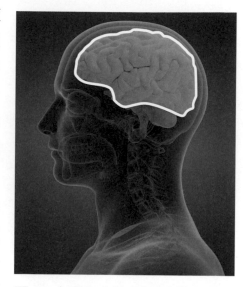

圖 82 大腦和血液循環系統之間有一層屏障，阻止大分子物質通過，稱為血腦屏障（blood brain barrier, BBB）。

資料來源：Chemistry Central (2015) 9: 58.

NTU 101 益生菌可以改善中風病人記憶學習力

為探討 NTU 101 益生菌發酵牛乳改善腦中風病人記憶學習能力，乃以雙側總頸動脈阻斷再灌流模式（Bilateral common carotid artery occlusion [BCCAO] reperfusion）來誘發腦中風之模式動物，本模式是參考 Iwasaki 等人於 1989 年發表於 J of the Neurolog. Sci. (1989) 90: 155-165. 所述之方法來進行。

■ 雙側總頸動脈阻斷再灌流模式誘導中風模式鼠之手術

以氣體混合器將氧氣及 3% 異氟烷（isoflurane，商品名 Forane）混合讓大鼠吸入麻醉後使大鼠呈腹面朝上姿勢平躺，將其頸部沿中線切開，找出兩側總頸動脈（common carotid artery, CCA），以燒彎之玻璃毛細管尖端小心地將血管與迷走神經（vagus nerve）分離，再以改良之止血鉗（將塑膠導管剪成小段包覆在止血鉗尖端，防止鉗齒對血管造成傷害）將兩側頸總動脈夾住，持續 30 分鐘後放開，將傷口縫合好讓大鼠回到飼養籠內自然甦醒，手術過程中利用電熱毯維持大鼠體溫（圖 83）。

將 NTU 101 益生菌發酵牛乳餵食此模式鼠，一段時間後再以明暗室進行被動迴避試驗；水迷宮進行參考記憶試驗、空間性探測試驗與工作記憶試驗等 4 種試驗，探討由灌流之手術引發腦中風，所造成學習記憶能力衰退之改善效果。

將實驗動物分成 6 組：(1) 偽手術控制組：將老鼠腹部之頸部皮膚割開，未實施頸動脈阻斷即將皮膚縫合；(2) 至 (6) 組均實施雙側總頸動脈阻斷再灌流手術，第 (2) 組未餵食任何藥物或 NTU 101 發酵牛奶（簡稱為 BCCAO 組）；第 (3) 組為正控制組餵食褪黑激素（melatonin）（20 mg/kg/day）；第 (4) 至 (6) 組為餵食 NTU 101 發酵牛奶組，劑量各別為 (4) 0.2 倍 (5) 1 倍 (6)2 倍 NTU 101 劑量組（1 倍劑量為 500 萬株菌）。依照上述劑量餵食 28 天後再進行老鼠之學習記憶能力測試。

學習記憶能力試驗之行為試驗分成 4 類，包括：(1) 明暗室之被動迴避試驗，以及 3 種水迷宮試驗，即 (2) 參考（長期）記憶試驗；(3) 空間性探測試驗；與 (4) 工作（短期）記憶試驗。

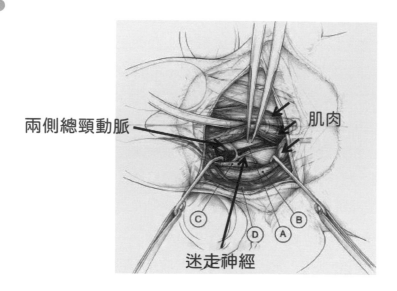

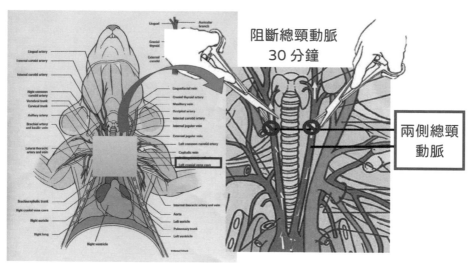

圖 83 雙側總頸動脈阻斷再灌流模式誘導中風模式鼠之手術說明圖

資料來源：http://web.szote.u-szeged.hu/expsur/hefop/angol/microsurgery/
microsurgery_advanced_labor.htm

■ 被動迴避試驗設備及實施方法

　　被動迴避試驗之設備示如**圖 84**，其有明、暗兩室，暗室底部設有金屬線，可以通電使老鼠觸電。實施方法係將老鼠置入明、暗兩室之明室中，老鼠因有趨暗之特性，故第一天將老鼠置入明室後老鼠很快進入暗室。當老鼠進入暗室後，將暗室底部之金屬線通電，再進行下一次試驗。學習記憶力改善之老鼠，會記得進入暗室會被觸電，故第二次以後會在明室停留較長時間，故以老鼠在明室停留時間是否增長來判斷記憶學習能力是否有所改善。

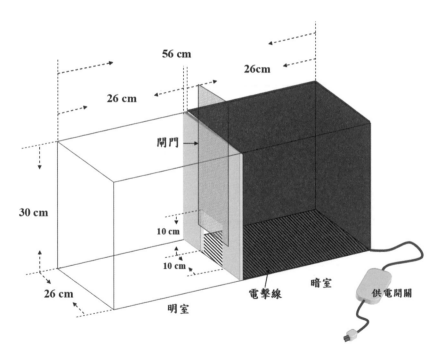

圖 84 被動迴避試驗之設備

■ 發酵牛乳改善腦中風大鼠學習記憶能力之被動迴避試驗結果

　　6 組實驗大鼠在第 1 天到第 3 天於暗室停留之時間示如圖 85。第 1 天所有大鼠均迅速進入暗室，故於明室停留之時間均極短。試驗第 2 天除了未餵食任何藥物或 NTU 101 發酵牛奶大鼠（BCCAO 組）外，其他大鼠於明室停留時間顯著增長，且 0.2 倍、1 倍及 2 倍劑量組具有劑量效應。試驗第 3 天效果更顯著，與偽手術組幾乎相同。

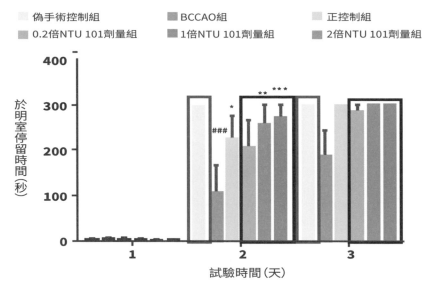

圖 85 發酵牛乳改善腦中風大鼠學習記憶能力之被動迴避試驗結果
$p < 0.0001$ BCCAO 組與偽手術控制組比較；* $p < 0.05$, ** $p < 0.01$, *** $p < 0.001$ 與 BCCAO 組比較（n=6）
資料來源：Pharm. Biol. (2017) 55: 487-496.

■ 水迷宮試驗設備

　　水迷宮試驗使用一圓形貯水池，池內裝 23℃ 之水，於其內放置一個可移動之休息平臺，臺面在水面下 2 公分（**如圖 86**），大鼠如找到此平臺則可站在平臺上休息。如果大鼠記憶能力較好，則會在較短時間內找到休息平臺。

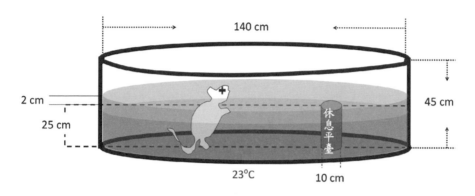

圖 86 水迷宮試驗之設備圖

■ 發酵牛乳改善腦中風大鼠學習記憶能力（參考記憶試驗）之試驗方法

　　參考記憶試驗係將休息平臺放置於某象限，再將老鼠置入水中，量測老鼠尋找休息平臺所花時間（**圖 87**）。由於此方式測得之數據較能夠顯現長時間之記憶能力，故參考記憶試驗亦稱為長期記憶試驗。

　　每次試驗將大鼠置於 5 個起始點之一，將休息平臺固定放置於第四象限，測量大鼠由 5 個不同起始點游到休息平臺所需時間。

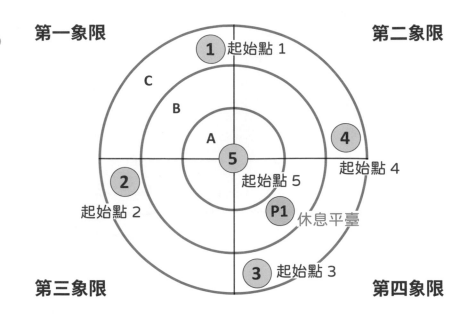

第一象限　第二象限

起始點 1

C

B

A

5

4

起始點 4

起始點 5

2

起始點 2

P1　休息平臺

3　起始點 3

第三象限　第四象限

圖 87 參考（長期）記憶試驗示意圖

■ 發酵牛乳改善腦中風大鼠學習記憶能力（參考記憶試驗）
之試驗結果

　　參考記憶試驗結果（**圖 88**）顯示：攝食 NTU 101 益生菌發
酵產物可縮短老鼠尋找休息平臺時間，顯示其記憶學習能力因攝
食 NTU 101 益生菌發酵產物而獲得改善。

■ 發酵牛乳改善腦中風大鼠學習記憶能力空間記憶試驗之試
驗方法

　　將休息平臺移出泳池，讓大鼠由第一象限之進入點進入泳
池，游泳 90 秒，記錄大鼠於原參考記憶試驗中休息平臺放置之
象限（第四象限）中所停留之時間與全程游泳之路徑（**圖 89**）。

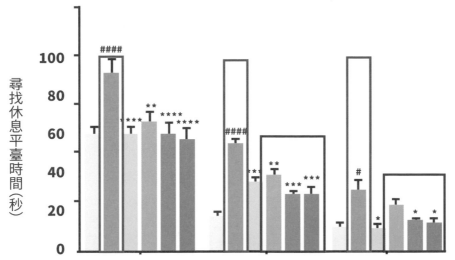

■ 偽手術控制組 ■ BCCAO組 ■ 正控制組
■ 0.2倍NTU 101劑量組 ■ 1倍NTU 101劑量組 ■ 2倍NTU 101劑量組

圖 88 各組大鼠於不同試驗時間測得參考記憶試驗尋找休息平臺所需時間

(#$p<0.05$, ####$p<0.0001$ BCCAO 組與偽手術控制組比較；*$p<0.05$, **$p<0.01$,
***$p<0.001$, ****p<0.0001 與 BCCAO 組比較（n=6)

資料來源：Pharm. Biol. (2017) 55: 487-496.

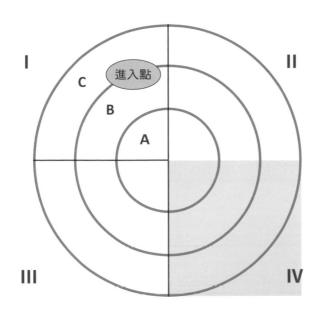

圖 89 空間性探測試驗示意圖

■發酵牛乳改善腦中風大鼠學習記憶能力空間記憶試驗之試驗結果

　　發酵牛乳改善腦中風大鼠學習記憶能力空間記憶試驗之試驗結果如圖 90 所示。由圖可得知：實施雙側總頸動脈阻斷再灌流手術而未餵食任何藥物或 NTU 101 發酵牛奶的 BCCAO 組，其於原來放休息平臺象限之游泳時間顯著較短，意味著其並無法記得原來休息平臺放在第四象限，故不會為了早點找到休息平臺多在第四象限找找，其在其他象限則花了較多時間。

　　3 組攝食 NTU 101 發酵牛奶之大鼠，均能花較長時間於原來放休息平臺的第四象限，當然在其他三個象限所花的游泳時間就相對較少。

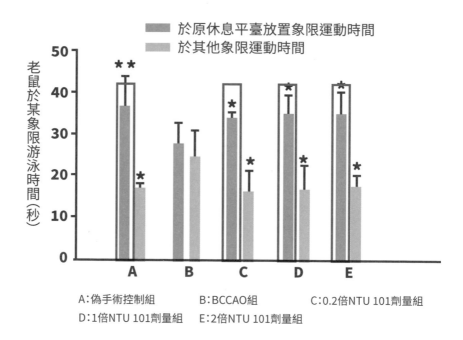

圖 90 發酵牛乳改善腦中風大鼠學習記憶能力（空間性探測試驗）

*$p<0.05$, **$p<0.01$ 與 BCCAO 組比較（n=6）

資料來源：Pharm. Biol. (2017) 55: 487-496.

■ 發酵牛乳改善腦中風大鼠學習記憶能力之工作（短期）記
　憶試驗方法

　　工作記憶試驗主要表現的是最近的記憶能力，故亦稱為短期
記憶試驗。休息平臺每日放置於不同象限（第一、二或三象限），
每天訓練 5 次，大鼠頭向外依序隨機分別從 5 個進入點進入（如
下表 22 與圖 91 所示），每次 90 秒。每日的第 1 次訓練為認知
訓練，故不列入計算。

**表 22 工作記憶試驗休息平臺放置於不同象限大鼠頭向外依
序隨機分別進入 5 個進入點**

試驗天數	進入點					休息平臺
第一天	1	2	5	4	3	P2
第二天	5	3	1	4	2	P3
第三天	3	4	5	3	1	P4

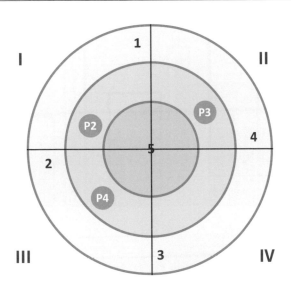

圖 91 工作（短期）記憶試驗示意圖：休息平臺每日放置於不同象限（第
一、二或三象限），每天訓練 5 次，大鼠頭向外依序隨機分別從 5 個
進入點進入，每次 90 秒。

■ 發酵牛乳改善腦中風大鼠學習記憶能力之工作（短期）記憶試驗結果

攝食發酵牛乳大鼠改善腦中風大鼠學習記憶能力（工作記憶試驗）之實驗結果如**圖92**所示。由圖可知3個劑量組（紅色框框）尋找休息平臺之時間均比未攝食組改善很多，且隨實驗天數改善效果逐步更好。

本次之實驗，雖然檢測之方法均為熟知習用之方法，但此「雙側總頸動脈阻斷再灌流模式」誘導中風模式鼠之操作極為不易。有此實驗數據（表23），或許可以給我們一個多吃益生菌的理由，即可以預防腦部栓塞機會。

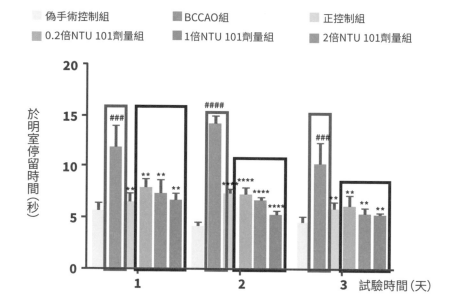

圖92 發酵牛乳改善腦中風大鼠學習記憶能力（工作記憶試驗）之實驗結果

###$p<0.001$, ####$p<0.0001$ BCCAO 組與偽手術控制組比較；**$p<0.01$, ****$p<0.0001$ 與 BCCAO 組比較（n=6）

資料來源：Pharm. Biol. (2017) 55: 487-496.

表 23 發酵牛乳改善腦中風大鼠學習記憶能力各種試驗之結果

明暗室之被動迴避試驗	水迷宮之參考（長期）記憶試驗	水迷宮之工作（短期）記憶試驗	水迷宮之空間性探測試驗
改善 8.3%	改善 30.0%	改善 40.8%	改善 17.8%

第四章：神經精神退化減緩：改善中風與失智等身心記憶衰退

| 第五章 |

蛀牙預防：
減少致齲菌在口腔
內黏附量與生長

【本章研究重點摘要】

本研究室先前的研究結果顯示，分離的乳酸菌株 *Lacticaseibacillus paracasei* subsp. *paracasei* NTU 101（NTU 101）與 *Lactiplantibacillu plantarum* NTU 102（NTU 102）均有抑菌效果。

進行評估此二株乳酸菌上清液純化所得抗菌活性物質之抗菌範圍及活性，並以核磁共振光譜儀分析其結構。

以誘導齲齒之動物模式測試抗菌物質是否具抗齲能力，結果顯示：NTU 101 及 NTU 102 上清液所含抗菌物質可以抑制大鼠口腔中變形鏈球菌菌數增長並降低齲齒指數，與未塗抹抗菌物質的組別有顯著差異（$p < 0.05$），顯示其具有良好抗齲能力，可做為開發口腔保健產品之開發素材。

NTU 101 及 NTU 102 培養所得上清液可抑制口腔中之變形鏈球菌生長、降低齲齒指數，具有預防蛀牙之功效。

齲齒之定義

齲齒（又名蛀牙）是一種細菌感染，導致牙齒被侵蝕，逐漸毀壞崩解，形成蛀洞的一種疾病，是口腔最常見的疾病。齲齒的特性是隨著時間逐漸發展、累積而日趨嚴重，最終會導致脫牙及牙周發炎，疼痛感強烈，影響進食及社交生活（WHO, 2003）。

齲齒是臺灣兒童口腔中最常見的疾病，依據衛生福利部於 2020 年的臺灣學童口腔健康狀況調查顯示，從 2014 年到 2019 年，學童之齲齒盛行率從 65.58% 下降至 54.83%，每年平均下降 2 至 3%，展現校園口腔保健良好成效（圖 93）。雖然目前數據顯示皆已明顯下降，但相較於世界衛生組織訂定之目標，5 歲兒童齲齒率低於 50%，仍有改善的空間。圖 94 為一顆健康牙齒，由於齲齒以至於牙齒斷裂脫落的過程。

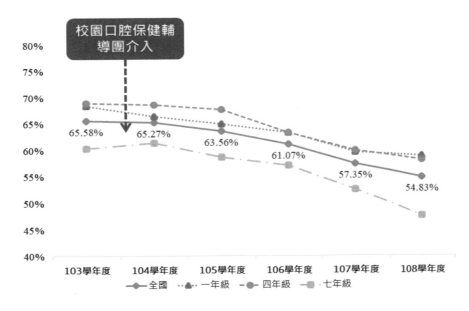

圖 93 臺灣學童齲齒盛行率分布
資料來源：臺灣教育部國教署 2020 年 9 月

圖 94 牙齒由健康因為齲齒到整顆牙齒脫落的過程：

1. 未蛀牙之牙齒；2. 去礦化之第一步；3. 珐琅質表面已破壞；

4. 已形成空洞；5. 牙齒已毀損；6. 牙齒已斷裂

齲齒的成因

齲齒是屬於多因子所造成的疾病，在多種因子共同作用下，緩慢且長期的侵蝕牙齒表面，造成牙齒損傷，其發生受牙齒組成 元素、形態及位置、唾液組成成分、酸鹼值、分泌量及抗菌因子，飲食中的碳水化合物含量、氟化物、維生素等因素影響，齲齒主要是由三種致病因素共同作用的結果：牙齒、牙菌斑及飲食 (Keyes and Jordan, 1964; Hamada and Slade, 1980)。

■ 致齲細菌 (cariogenic bacteria)

當嬰兒出生時口腔內是無菌的，但在第一次進食後微生物開始在口腔內定殖，隨著年齡的增長，口腔中的菌群因牙齒的萌發，牙齒與牙齦間隙面積增加而呈現不同變化，致齲細菌以食物殘渣、剝落的口腔細胞及唾液中的醣蛋白為養分，通過黏附素與受體相互作用而定殖，黏附在牙齒表面與縫隙內，生成淡黃色薄膜狀的菌落，形成生物膜，被稱為牙菌斑 (Marsh, 2004)。

口腔中不同部位的牙菌斑各有其不同的菌落，牙釉質（也

稱琺瑯質）齲齒處的牙菌斑主要為變形鏈球菌（*Streptococcus mutans*），牙本質（也稱象牙質）齲齒處除了變形鏈球菌外，也常見乳酸桿菌，而牙根齲齒處的牙菌斑則多為放射菌，牙齦溝處的牙菌斑菌種更複雜，常見有梭桿菌屬（*Fusobacterium*）、革蘭氏陰性菌及放線菌（*Actinomyces*）（Al-Ahmad et al., 2007）。

■ 致齲細菌—*Streptococcus mutans*（變形鏈球菌）

變形鏈球菌為在人類口腔蛀牙洞中最易被發現之菌種（van Houte, 1994; Bowden and Hamilton, 1998），為革蘭氏陽性球狀細菌。本研究使用菌株為 *Streptococcus mutans* BCRC 15255（**圖 95**，購自食品工業發展研究所，是從齲齒病人的蛀牙窩洞分離得到的），連續塗拭 5 天以誘發齲齒。

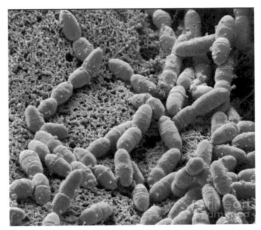

圖 **95** 本研究使用之齲齒菌株
Streptococcus mutans BCRC 15255

益生菌與齲齒

益生菌可能透過 3 種途徑影響口腔健康：(1) 與致齲細菌競爭黏附位置或與致齲菌凝集，減少致齲菌在口腔中的黏附量；(2) 與致齲菌競爭營養，生長代謝產生抗菌物質以抑制致齲菌生長;(3) 增強宿主免疫反應，分泌 IgA 及防禦素，影響免疫系統 (Haukioja, 2010)。

益生乳酸菌可以減少唾液中的致齲細菌，影響口腔菌群的動態平衡，可能可以應用於預防或治療口腔疾病。

益生菌對各種細菌之抑菌效果

為瞭解益生菌是否可用於抑制致齲菌，乃進行 NTU 101 對各種病原細菌之抑菌效果試驗。使用方法是抑菌圈試驗，將培養皿上塗抹各種病原菌，包括 (a) 克雷白氏肺炎菌 ;(b) 綠膿桿菌 ;(c) 坂崎氏腸桿菌 ;(d) 白色念珠菌 ;(e) 沙門氏菌 ;(f) 腸炎弧菌 ; (g) 金黃色葡萄球菌 ;(h) 變形鏈球菌。並於培養皿上以滅菌鑽孔器鑽 4 個洞，於洞內滴入不同濃度 (圖 96 中每個培養皿右上、左上、右下與左下之孔洞內各滴入 200、150、100 及 75 mg/mL) 之 NTU 101 菌液。培養一段時間後量測透明抑菌環之直徑，抑菌環越大表示該種病原菌受到 NTU 101 之抑制效果越強。

抑菌試驗結果如圖 96 所示。由圖可得知 NTU 101 對致齲菌變形鏈球菌之抑菌效果良好，抑菌圈清晰可見，乃進行下述動物之齲齒預防效果試驗。

■動物齲齒模式之建立

動物齲齒模式之建立係依照 Grenby and Hutchinson, 1969; Bowen et al., 1988; Mitoma et al., 2002; Duarte et al., 2006; Coogan et al., 2008 等文獻之敘述執行。

本研究中使用的實驗動物為 4 周齡 Sprague-Dawley 雄性大鼠，購自樂斯科生物科技公司，試驗動物共 90 隻，分別隨機分成 10 組，每組 9 隻。在實驗開始前預養 2 周，飼養達 6 周齡時開始實驗。在大鼠的口腔每天連續塗拭接種 10^8 cell/mL 變形

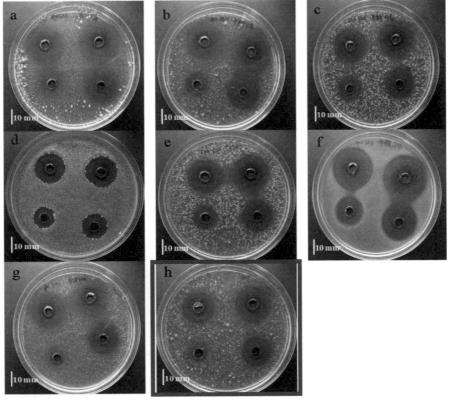

圖 96 NTU 101 乳酸菌上清液對指標菌之抑制效果

指標菌分別為：(a) 克雷白氏肺炎菌 (b) 綠膿桿菌 (c) 坂崎氏腸桿菌 (d) 白色念珠菌 (e) 沙門氏菌 (f) 腸炎弧菌 (g) 金黃色葡萄球菌 (h) 變形鏈球菌。平板培養基的孔洞加入體積 60 μL 濃度各為 200、150、100 及 75 mg/mL（右上、左上、右下與左下）的 NTU 101 菌液，培養完成後觀察各孔洞抑菌環的大小。抑菌環（透明圈）越大，表示抑菌效果越好。

資料來源：J. Micro. Immuno. & Infect. (2019) 52: 409-417.

鏈球菌 (*Streptococcus mutans* BCRC 15255) 共 5 天。待接種成功後，實驗組將待測樣品塗抹於大鼠臼齒，並於塗拭樣品後一小時內禁止飲水。試驗樣品為 0.5 倍與 1 倍劑量之抗菌物質粗萃取物，實驗分組為 9 組:(1) NC: 控制組，未誘導齲齒 ;(2) CIS 組，誘導齲齒而未塗抹待測樣品 ;(3) NaF: 誘導齲齒並塗抹 0.05% 氟化鈉 ;(4) 0.5×10² 與 (5) 1×10²: 誘導齲齒並分別塗抹 0.5× (10

mg/mL) 及 1× (20 mg/mL) NTU 102 菌株 ;(6) 0.5×101 與 (7) 1×101: 誘導齲齒並分別塗抹 0.5× (10 mg/mL) 及 1× (20 mg/mL) NTU 101 菌株 ;(8) 0.5× 101 SM 與 (9) 1× 101 SM 誘導齲齒並分別塗抹 10 及 20 mg/mL 之 NTU 101 發酵豆漿牛奶。在塗拭試驗樣品兩周後，以棉花擦拭法採得檢體，檢測變形鏈球菌菌數，並各犧牲 3 隻動物，後續每隔 2 周犧牲一批動物，以下列試驗時程圖表示 (圖 97)。

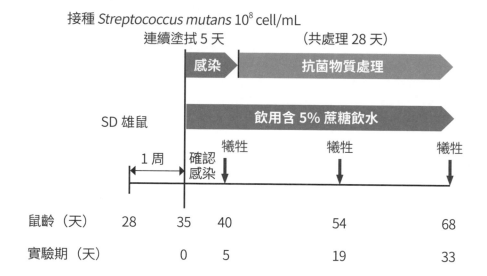

圖 97 試驗時程及各階段之處理方式

資料來源：Appl. Microb. & Biotech. (2018) 102: 577–586.

■ 檢測項目及檢測結果

　　於各不同時間 (鼠齡 40 天、54 天及 68 天) 評估齲齒狀況，包括致齲變形鏈球菌菌數以及齲齒指數等。

(一) 致齲變形鏈球菌數之測定

　　以棉花棒採集大鼠口腔中的致齲菌，培養於含 200 µg/mL streptomycin 的 MS 培養基，致齲菌菌數為 8.40×10^4~3.62×10^5 CFU/swab/rat。確定菌種接種成功後，開始在大鼠口腔塗抹待測之抗菌物質，此時大鼠為 40 天齡，分別於 40、54 及 68 天齡時採集大鼠口腔中的致齲菌。在 0.5×NTU 101、1×NTU 101、0.5×NTU 102 及 1×NTU 102 的組別，大鼠 40 天齡之菌數分別為 8.40×10^4~2.21×10^5、1.37×10^5~2.70×10^5、2.10×10^5~2.55×10^5 與 1.06×10^5~2.36×10^5 CFU/swab/rat; 大鼠 54 天齡之菌數分別為 2.15×10^4~2.78×10^5、2.15×10^4~2.78×10^5、2.59×10^4~3.03×10^5 與 2.89×10^4~2.98×10^5 CFU/swab/rat; 大鼠 68 天齡之菌數分別為 1.16×10^3~2.10×10^3、2.30×10^3~4.40×10^3、3.11×10^3~9.90×10^3 與 1.60×10^3~2.30×10^3 CFU / swab / rat。

　　以上數據以箱形圖表示如圖 98。箱形圖是一種顯示一組數據分散情況資料的統計圖，能夠清楚表示數據分佈的分散程度，並顯示異常值。盒的底部和頂部分別是第一四分位數及第三四分位數，盒內橫線為中位數，十字則是數據的平均值。

　　由圖得知 :68 天齡 SD 大鼠牙齒之致齲變形鏈球菌菌數下降約 2 個對數值，其中以 1×NTU 102 及 0.5×NTU 101 抗菌物質抑制變形鏈球菌的效果最好，具有顯著差異 (p<0.01)。其中 NTU 101 組及 NTU 102 組的致齲變形鏈球菌菌數下降效果比塗氟還要好。(J Fun Food (2014) 10: 223-231.)

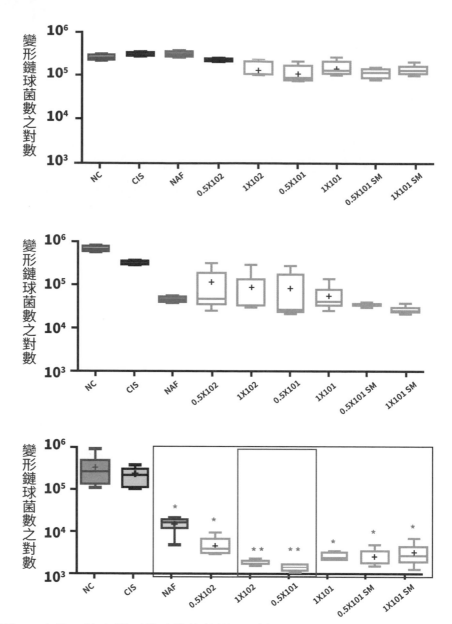

圖 98 大鼠口腔之變形鏈球菌菌數變化（由上而下分別為第 40、54 與 68 天齡 SD 大鼠之值）

(1) NC：控制組，未誘導齲齒；(2) CIS 組未塗抹待測樣品；(3) NaF：塗抹 0.05% 氟化鈉；(4) 0.5x102 與 (5) 1x102：分別塗抹 0.5×（10 mg/mL）及 1×（20 mg/mL）NTU 102 菌株；(6) 0.5x101 與 (7) 1x 101：分別塗抹 0.5×（10 mg/mL）及 1×（20 mg/mL）NTU 101 菌株；(8) 0.5× 101 SM 與 (9) 1× 101 SM：分別塗抹 10 及 20 mg/mL 之 NTU 101 發酵豆漿牛奶。

資料來源：J Fun Food (2014) 10: 223–231.

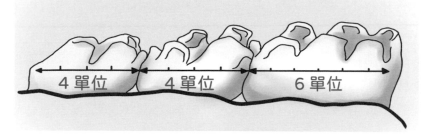

圖 99 測量牙齒齲齒指數時將 3 顆臼齒分成 14 單位

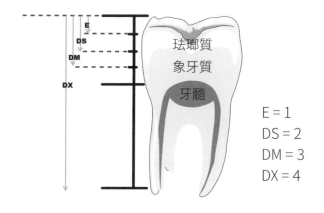

珐瑯質
象牙質
牙髓

E = 1
DS = 2
DM = 3
DX = 4

圖 100 凱氏齲齒指數係將臼齒 14 單位分別記錄各單位之嚴重程度（依照齲齒的嚴重程度，齲齒指數分為 4 等，E、DS、DM 及 DX 分別為 1~4），計算齲齒指數之平均值（Keyes, 1958）。

(二) 齲齒指數

　　大鼠犧牲後，將上下顎骨切下，下顎骨寬約 2 公分，完全清除周圍軟組織後，以無菌水浸泡清洗，並將之乾燥，使牙齒部位便於觀察及操作。觀察大鼠臼齒之頰側、舌側、咬合面、鄰接面及牙溝之齲齒變化，觀察牙溝時，使用手持式砂輪機，安裝鑽石鋸片 (圓周 22 mm × 厚 0.1 mm)，將臼齒近遠心縱切。

　　評估大鼠的齲齒程度採用學者 Keyes 於 1958 年發表之凱氏齲齒指數（Keyes caries score），因 3 顆臼齒大小不一，將 3

顆臼齒分為 14 單位（**圖 99**），每一單位依照齲齒的嚴重程度分級（齲齒指數分為 4 等，E、DS、DM 及 DX 分別為 1~4）。E 為齲齒之部位只限於牙釉質表面，症狀最輕微，DS 表示齲齒侵犯至牙釉牙本質交界處，DM 表示侵犯至牙本質，DX 則是表示牙本質嚴重破壞，牙髓腔可能已經受到侵蝕，牙齒有崩壞或脫落的情況（**圖 100**）（Keyes, 1958）。將 14 單位之指數平均，即得某 SD 大鼠之齲齒指數。

量得各組大鼠在 40、54 及 68 天之齲齒指數箱形圖表示如下圖 101。由圖得知：處理 54 及 68 天後各有 4 組與 5 組齲齒指數明顯下降（圖中加 * 者）。（J Fun Food (2014) 10: 223–231.）

NTU 101 益生菌發酵液中抑制齲齒功效成分之探討

為了瞭解是發酵液中哪個成分具有預防齲齒功能，將發酵液經各種管柱分離純化後，再以各類光譜儀進行結構鑑定，確認功效成分為分子量為 170.25，分子式為 $C_{10}H_{18}O_2$，學名為 (4E)-9-hydroxy-6-methylnon-4-en-3-one 之 化 合 物。(J Fun Food (2014) 10: 223-231.)

由以上資料確認 NTU 101 益生菌之發酵液中含有預防齲齒之功效成分，可用於預防齲齒保健食品之開發。後續研究應可朝兩方向進行：一為探討生成多量功效成分之發酵原料與發酵條件；二為此發酵生成之功效成分如何應用於預防齲齒，是添加於口香糖，還是添加於漱口水，還是添加於牙膏？這可留待後續研究探討。

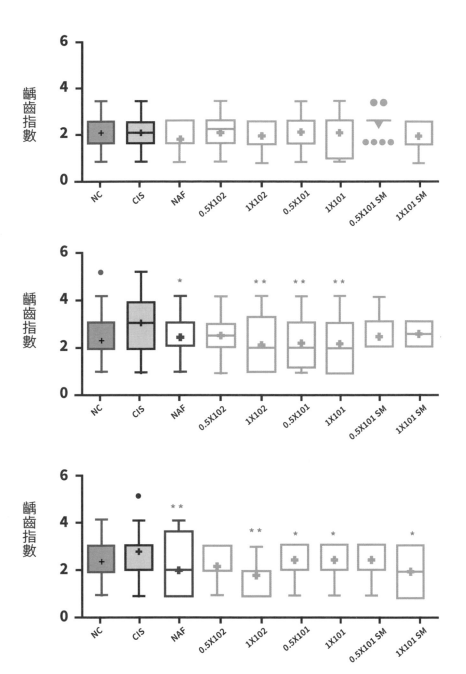

圖 101 各種處理 SD 大鼠口腔之齲齒指數（由上而下分別為 40、54 及 68 天齡 SD 大鼠之值）以 68 天齡，齲齒指數在 NaF、1× NTU 102、0.5× NTU 101、1× NTU 101 及 1× NTU 101 SM 各組，有顯著下降的情形（*, p<0.05; **, p<0.01）。

資料來源：J Fun Food (2014) 10: 223–231.

科學實證：益生菌健康研究室

波峰	δ^1H	預期結構
A	4.22	OCH_3
B	3.63	OH
C	1.99	$O=CCH_3$
D	1.36	CH_3
E	1.22	CH_3

波峰	δ^1H	預期結構
A	178.50	C=O
B	130.74	=C
C	71.35	CO、CCl
D	67.76	CO、CCl
E	62.06	CO、CN
F	58.31	CO、CN
G	49.17	CO、CH_2
H	41.40	CC
I	21.82	CH_3
J	17.19	CH_3

分子式 $C_{10}H_{18}O_2$
分子量 170.25
結構式 LBPC101

IUPAC 命名
(4E)-9-hydroxy-6-methylnon-4-en-3-one

| 第六章 |

牙周病保健：
減少致牙周病細菌菌數、
改善齒槽骨流失與牙周發炎等

【本章研究重點摘要】

以脂多醣誘發之牙周病模式大鼠，經不同劑量之 NTU 101 發酵牛奶乙醇萃取物處理後：

❶ 可顯著減少口腔中致牙周病細菌菌數至原來的約 1%；

❷ 可顯著降低大鼠齒槽骨流失程度 (約減少 26.41%-37.92%)

❸ 可藉由 (1) 降低脂多醣所誘發之促發炎細胞激素生成 ;(2) 降低牙周組織中之氧化壓力 ;(3) 減緩牙周病大鼠牙周組織中基質金屬蛋白酶 -9 (matrix metalloproteinases-9, MMP-9) 活性 ; 進而達到改善牙周發炎與損傷之情形。

> 總
> 結
> NTU 101 發酵牛奶乙醇萃取液可顯著減少口腔中致牙周病細菌菌數、降低大鼠齒槽骨流失程度，達到改善牙周發炎與損傷之情形。

認識牙周病及其病程

　　牙周病為一種牙齒周圍組織遭受細菌感染所引發之慢性發炎疾病，其中有約 15% 發生於 21 歲至 50 歲之間，超過 50 歲則有 30% 以上罹患率，為成年人牙齒脫落之主要原因，在臨床上最常發現的即為成人型牙周病 (Page 1998; Ajwani et al., 2003; Lu et al., 2013)。牙周致病菌會於牙齒表面形成牙菌斑，且最終導致齒槽骨流失。

　　牙周病的病程可分成 4 個主要階段 (圖 102)，包括 : 牙 齦炎 (gingivitis)、 輕 度 牙 周 病 (mild periodontitis)、 中 度 牙 周 病 (moderate periodontitis) 及 重 度 牙 周 病 (severe periodontitis)(Heitz-Mayfield et al., 2003; Nair and Anoop 2012)。

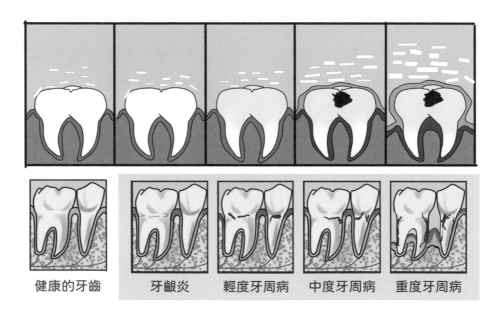

健康的牙齒	牙齦炎	輕度牙周病	中度牙周病	重度牙周病

圖 102 牙周疾病之病程

資料來源 : Nair and Anoop 2012; Saha et al., 2012

牙周病致病菌種類

人類口腔中可發現超過 400 種細菌，其中只有少部分的細菌會引發口腔疾病，這些引發口腔疾病的微生物，主要是因其可藉由本身所產生之酵素或毒素，直接或間接的入侵口腔組織 (Darveau et al., 1997)。

牙周病致病菌包括:(1) 厭氧菌: *Porphyromonas gingivalis*、*Bacteroides forsythus*、*Treponema denticola*、*Prevotella intermedi* 、*Fusobacterium nucleate* 與 *Eubacterium* sp . 等；(2) 微好氧菌: *Actinomyces actinomycetemcomitans* 、*Campylobacter rectus* 和 *Eikenella corrodens* 等皆與慢性牙周病有所關聯，且隨著環境 因素與種族之差異，致病菌的分布也會受到影響 (Loesche and Grossman 2001; Suzuki et al., 2006)。

牙周病之預防

造成牙周病的主要原因為附著在牙齒上之牙菌斑，故有效預防牙周病之方法不外乎：

(1) 正確的潔牙 (2) 定期口腔檢查 (3) 提升宿主抵抗力 (4) 使用漱口水等潔牙輔助工具 (國泰綜合醫院 2014)。

世界衛生組織 (World Health Organization, WHO) 則建議須從普遍引發牙周病之危險因子進行預防，包括改善口腔衛生習慣 (oral hygiene practices)、飲食 (diet)、使用氟化物 (use of fluoride)、使用抗菌劑 (use of antimicrobial agents) 與 戒菸 (smoking cessation)(Petersen and Ogawa 2005)。

■ 口腔衛生習慣 (oral hygiene practices)

　　定期刷牙及使用牙線清潔是最有效預防口腔疾病和牙周病之方法，一般而言，牙菌斑僅能用機械性方法清除，漱口無法除去；此外，由於牙齒間之縫隙，以及牙齒與牙齦間的牙齦溝，皆為清潔上較易忽略的死角，故刷牙時牙刷需放置在適當之位置與角度，並加上牙線的使用，才能有效清除牙菌斑 (Petersen and Ogawa 2005)。

■ 飲食 (diet)

　　高蔬果、低糖及低脂飲食對牙周組織之維持是有所幫助的，此乃由於維生素 C 與 E 具良好之抗氧化效果，有助於減少發炎過程中活性氧 (reactive oxygen species，ROS) 生成。故亦有文獻指出，低熱量飲食可減少發炎反應，進而達到減緩牙周病中牙周組織受損之情形 (Branch-Mays et al., 2008)。

■ 氟化物的使用 (use of fluoride)

　　氟化亞錫具有良好抗牙菌斑與抗牙齦發炎之作用，可有效減少齦下區細菌與螺旋體比例，有助於促進牙齦健康 (Mazza et al., 1981; Gunsolley 2006)。

■ 使用抗菌劑 (use of antimicrobial agents)

　　洛赫西定 (chlorhexidine)、三氯沙 (triclosan)、精油與鋅等，因具有良好之抗牙菌斑效果，故已被廣泛添加於牙膏與漱口水中 (Garcia-Caballero et al., 2013)。

- 戒菸 (smoking cessation) PART

　　吸菸亦為引發牙周病之危險因子 (Tomar and Asma 2000)，故戒菸不僅能減少牙周組織損傷；亦可有效抑制牙周病 (Hodge and Binnie 2009)。

牙周病之治療

- 機械治療 (mechanical treatment)

　　以牙周專用器械深入到牙齦發炎區域，徹底清除牙齒表面與深部之牙結石、牙周致病菌侵入之齒質以及發炎之肉芽組織，此過程稱為牙根整平術，為非手術牙周治療 (non-surgical periodontal therapy) 之方法。此方法之缺點為，如未清除完全，則容易再提供給牙周致病菌附著之機會 (Lipsky et al., 2017)

- 藥物治療 (pharmacological treatment)

　　除了機械治療外，亦可使用具減少微生物入侵牙周之藥物，來達到抑制牙周病病程之效果 (Lipsky et al., 2017)。常見如含抗菌劑之牙膏、凝膠和漱口水，均可用來控制牙菌斑之形成及改善牙周疾病病程。

　　常見之抗菌劑成分包含洛赫西定 (chlorhexidine)、三氯沙 (triclosan)、血根鹼 (sanguinarine)、精油 (essential oil)、鹽酸多西環素 (doxycycline hyclate) 和酵素等 (Rawlings et al., 1998)。

■ 牙周手術 (surgical treatment)

當上述兩種治療方法皆無法有效改善牙周病時，可採用手術來達到控制牙周病之病程 (Mdala et al., 2012)。手術的基本原理皆為透過重整牙齦軟組織，使患者術後能透過天然唾液或簡單機械刷牙，來維持健康之牙周囊袋 (Lipsky et al., 2017)。其目的在 於將患者之牙周囊袋回復至易維持的深度。

益生菌與牙周病

近年來，許多研究指出，益生菌可有效改善口腔之相關疾病，其主要取決於益生菌與致病菌間之平衡，如兩者間失去平衡， 則較易罹患牙周相關之疾病 (Bonifait et al., 2009; Bizzini et al., 2012)。於唾液中常見之益生菌很多，但以 *Lactobacillus gasseri* 和 *L. fermentum* 效果較好。

在我們曾經發表的文獻證實 NTU 101 益生菌具有抗氧化 (Liu and Pan, 2010)、抗菌 (Lin and Pan, 2014; Lin and Pan, 2015)、抗發炎 (Chiang and Pan, 2012; Tsai et al., 2012) 與抗齲齒活性 (Lin and Pan, 2014)，故判斷 NTU 101 可能對預防牙周病會有效果。

為了解 NTU 101 之脫脂牛奶與豆奶之發酵產物，對牙周病相關細菌之抑菌效果，我們也做了抑菌環試驗，結果如表 24 所示。由表可得知 NTU 101 之脫脂牛奶與豆奶之發酵產物對兩種致牙周病細菌 (*Porphyromonas gingivalis* 與 *Actinomyces actinomycetemcomitans*) 均有抑菌效果。而發酵脫脂牛奶之抑菌環較大，表示抑制致牙周病之效果較好，下列均使用發酵脫脂牛奶進行動物牙周病之預防試驗。

表 24 NTU 101 發酵脫脂牛奶或豆奶對致牙周病細菌之抑菌環試驗結果

組別	抑菌環（直徑，mm）a, b			
	脫脂牛奶		豆奶	
濃度 (mg/mL)	P. gingivalis BCRC 14417	A. actinomyce-temcomitans BCRC 14405	P. gingivalis BCRC 14417	A. actinomyce-temcomitans BCRC 14405
200	16.50±0.20	22.75±0.35	6.75±1.77	10.00±0.71
100	-	19.50±1.41	3.25±0.35	7.00±0.00
50	-	18.50±0.71	2.75±0.35	0.75±0.35
25	-	11.75±1.06	-	0.50±0.00

a： 抑菌環不包括抑菌孔之直徑 (7 mm)

b： 表無抑菌環

先塗抹兩種致牙周病細菌 (約 10^9 菌落形成單位 (CFU)/mL)，於平板培養皿 (petri dish) 之培養基上，再在所挖抑菌孔內加入脫脂牛奶或豆奶之 NTU 101 發酵液；

P. gingivalis: Porphyromonas gingivalis; A. actinomycetemcomitans: Actinomyces actinomycetemcomitans.

資料來源 :Nutrients (2018) 10: 472.

抑制牙周病動物實驗

　　文獻提到之牙周病模式動物之誘導方式有 3 種 : (1) 利用脂多醣 (lipopolysaccharide, LPS) 誘發牙周病 ;(2) 使用線結紮 (ligature) 誘導模式 ; 或 (3) 菌株感染誘導模式。經評估後發現脂多醣誘導之動物模式 (Schumann et al., 1990; Guha and Mackman 2001) 效果較好，故使用此模式探討 NTU 101 發酵牛奶乙醇萃取物抑制牙周病之效果。

■ 注射脂多醣誘導牙周病動物模式之建立與組別配置

使用之動物為 7 周齡之 Sprague-Dawley 品系雄性大鼠，購自樂斯科生物科技股份有限公司 (Taipei, Taiwan)。以大鼠體重無顯著 (p > 0.05) 差異為原則隨機分成 6 組，分組如下表 25 所示。

表 25 益生菌改善牙周病動物試驗之組別與配置

組別	隻數	注射 LPS 誘發牙周病	緩衝液 注射	塗抹物質 (200 μL/day)
正常組	6	無	有	蒸餾水
牙周病控制組	6	有	無	蒸餾水
正控制組	6	有	無	0.05 % chlorhexidine（抗菌劑）
0.5 倍劑量組	6	有	無	NTU 101 發酵牛奶 乙醇萃取物
1.0 倍劑量組	6	有	無	NTU 101 發酵牛奶 乙醇萃取物
2.0 倍劑量組	6	有	無	NTU 101 發酵牛奶 乙醇萃取物

LPS: 脂多醣 (lipopolysaccharide); 正控制組 : 塗抹 0.05% 之抗菌劑 ; 0.5、1.0 及 2.0 倍劑量 : 塗抹之發酵牛奶乙醇萃取物 濃度各為 0.83 mg/mL、1.66 mg/mL 及 3.32 mg/mL。

除正常組外，其餘組別大鼠皆須注射脂多醣進行牙周病之誘導。誘導流程係參考 Lee 等人之方法加以修改 (Lee et al., 2013)，於大鼠下顎兩側第一臼齒與第二臼齒間之牙齦，每周 3 次以 33 G 之針頭注射 3 μL 之 10 mg/mL 脂多醣，並維持 4 周。正控制組與 3 組不同劑量之樣品組，則連續 4 周以無菌棉花棒塗

抹 200 μL 不同濃度之樣品，以評估樣品抑制牙周病之效果。

注射脂多醣誘發大鼠牙周病之 (a) 實驗流程圖及 (b) 注射位置如圖 103 所示。

齒槽骨流失 (alveolar bone loss, ABL) 之檢測

大鼠犧牲後，將大鼠右側下顎取下，並置於 10% 中性福馬林中進行固定，以利後續微米級電腦斷層掃描 (micro computed tomography, micro-CT) 系統檢測。

下顎於微米級電腦斷層掃描前，需先以去離子水洗去福馬林，並浸泡於無菌磷酸緩衝溶液中，微米級電腦斷層掃描 (SkyScan 1176，Bruker Co., Aartselaar, VLG, Belgium) 造影系統委託生技醫藥核心設施平台 (National Core Facility for Biopharmaceuticals) 台灣動物設施聯盟進行操作。

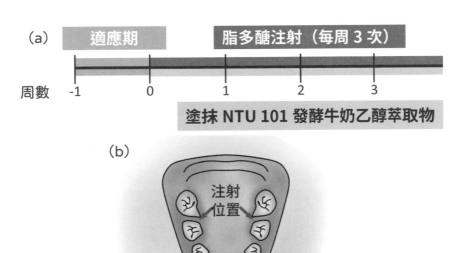

圖 103 注射脂多醣誘發大鼠牙周病之 (a) 實驗流程圖及 (b) 注射位置。

資料來源：Food & Function (2018) 9: 4916-4925.

其參數條件如下：像素 9 μm、電壓 65 kV 及電流 385 μA；並以 CTvox (Bruker Co.) 產生 3D 影像圖，依 Bruker Co. 之指引評估齒槽骨流失之程度 (Lee et al., 2013; Bae et al., 2015)。

■ NTU 101 發酵脫脂牛奶乙醇萃取物可改善脂多醣誘發牙周病大鼠體重

實驗結果顯示：NTU 101 發酵脫脂牛奶乙醇萃取物可顯著改善因牙周發炎所導致之體重減輕（p < 0.05）（表 26）。

表 26 NTU 101 發酵脫脂牛奶乙醇萃取物對脂多醣誘發牙周病大鼠體重之影響

組別	體重 (g)		
	試驗初期	試驗末期	體重總增重
正常組	247.48±12.00	405.98±33.50	158.50±24.45
牙周病控制組	246.50±9.53	354.22±16.56[*]	107.72±11.70[*]
正控制組	254.92±21.92	396.68±46.68[#]	141.77±26.23[#]
0.5 倍劑量組	245.17±7.75	384.73±21.80	139.57±15.51[#]
1.0 倍劑量組	250.42±12.21	393.40±31.62[#]	142.98±20.06[#]
2.0 倍劑量組	249.58±10.87	397.68±27.43	148.10±20.04[#]

數據係以平均值 ± 平均偏差表示（n＝6）。[*] $p < 0.05$ 表示與正常組比較有顯著差異；[#] $p < 0.05$ 表示與牙周病控制組比較有顯著差異（使用 Duncan's multiple range 測試法）

資料來源：Food & Function (2018) 9: 4916-4925.

由表得知：3 種劑量均可顯著改善體重減輕現象。由於牙周病控制組體重總增重由 158.50 g 降到 107.72 g，而 3 種劑量組

均可改善此體重減輕現象，由牙周病控制組的 107.72 g 增加到 139.57 g、142.98 g 與 148.10 g，接近正控制組之 158.50 g。

■ NTU 101 發酵脫脂牛奶乙醇萃取物可降低脂多醣誘發牙周病大鼠口腔病原菌數目

微生物所形成之牙菌斑為引發牙周病的主要因素之一，亦有研究發現，隨著牙周病病程之發展，口腔中微生物組成會有所改變。有研究顯示牙周病晚期口腔中革蘭氏陰性菌菌數顯著增加 (Lipsky et al., 2017)。為確認 NTU 101 發酵脫脂牛奶乙醇萃取物之抑菌效果，乃進一步檢驗經脂多醣誘發牙周病之大鼠口腔中病原菌之菌數，結果如圖 104 所示。圖中之縱軸為菌數之對數值，相差 1 表示菌數為 10 倍。牙周病組大鼠口腔中之病原菌數目顯著高於正控制組 ($p < 0.05$)，此趨勢與上述文獻相符合。 目前已證實抑制病原菌生長之藥物有助於治療牙周病。

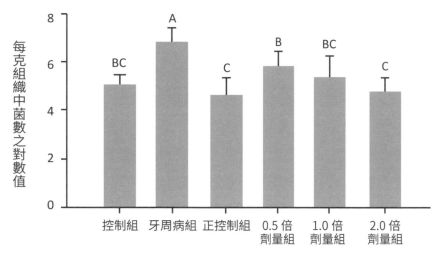

圖 104 NTU 101 發酵脫脂牛奶乙醇萃取物對脂多醣誘發牙周病之大鼠口腔病原菌數目之影響。數據係以平均值 ± 平均偏差表示（n=6）。圖中大寫之 A、B 與 C 表示使用 Duncan's multiple range 測試法有顯著差異

資料來源：Food & Function (2018) 9: 4916-4925.

Kõll 等 之 研 究 指 出 *L. plantarum*、*L. paracasei*、*L. salivarius* 與 *L. rhamnosus* 等乳酸菌對口腔中之病原菌具有良好的抗菌活性（Kõll et al., 2008）。乳酸菌優酪乳於體外模式中亦被證實可有效抑制牙周病原菌生長（Zhu et al., 2010）。

本研究結果顯示，與牙周病組相比，於注射處塗抹 0.05% chlorhexidine 抗菌劑可使菌數顯著下降約 2.27 個對數值 / 克組織（即約降為原來的 1/300 至 1/500），正控制組之趨勢與文獻相符合（Silva et al., 2017）。不同劑量之 NTU 101 發酵脫脂牛奶乙醇萃取物可有效減少大鼠口腔中病原菌之數目約 0.99-2.02 個對數值 / 克組織（$p < 0.05$）（即約降為原來的 1/100）。就此推論，NTU 101 發酵脫脂牛奶乙醇萃取物可藉由抑制病原菌之生長，達到預防牙周病之效果。

■ NTU 101 發酵脫脂牛奶乙醇萃取物可降低脂多醣誘發牙周病大鼠齒槽骨流失程度

齒槽骨流失為牙周病重要病徵，文獻指出脂多醣所引發之促發炎激素如白細胞介素 -1（interleukin-1，IL-1）或腫瘤壞死因子 α（TNF-α）增加，會進一步活化主要調節蝕骨細胞生成之因子，使蝕骨細胞生成，進而引發齒槽骨流失（Ossola et al., 2016）。

使用微米級電腦斷層掃描造影系統量測齒槽骨流失程度（以圖中黃色線表示）之影響。結果如圖 **105** 所示，將脂多醣注射至牙周組織誘發大鼠牙周病後，其齒槽骨流失程度與控制組相比顯著增加 377.50 μm（130.92%）（$p < 0.05$），表示脂多醣會造成牙周組織損傷並引發齒槽骨流失，此結果與文獻結果相符合（Tominari et al., 2017）。

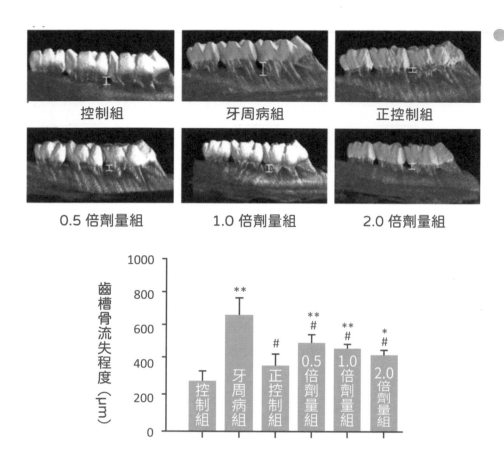

控制組　　　　　　牙周病組　　　　　　正控制組

0.5 倍劑量組　　　　1.0 倍劑量組　　　　2.0 倍劑量組

圖 105 NTU 101 發酵脫脂牛奶乙醇萃取物對脂多醣誘發牙周病大鼠 (a) 微米級電腦斷層掃描造影系統圖像與 (b) 齒槽骨流失程度之影響（以黃色線長度表示流失程度）。數據係以平均值 ± 平均偏差表示（n=6）。*p<0.05, **p<0.001 表示與正常組比較有顯著差異；#p<0.001 表示與牙周病組比較有顯著差異（使用 Duncan's multiple range 測試法）

資料來源：Food & Function (2018) 9: 4916-4925.

　　抗菌劑 chlorhexidine 於文獻中已被證實具有改善齒槽骨流失之功能 （Gamal. et al., 2011），本研究結果顯示，塗抹 chlorhexidine 之正控制組大鼠其齒槽骨流失程度顯著低於牙周病組，與前述文獻相符合。此外牙周病大鼠經連續塗抹 0.5 倍、1.0 倍與 2.0 倍劑量之 NTU 101 發酵脫脂牛奶乙醇萃取物 4 周後，其齒槽骨流失程度與牙周病組相比，各別顯著減少 175.83 μm（26.41%）、210.00 μm（31.54%）與 252.50 μm（37.92%）（p < 0.001），表示 NTU 101 發酵脫脂牛奶乙醇萃取物可預防因脂多醣誘發牙周病之骨吸收作用。

　　綜合上述結果得知：動物試驗於脂多醣注射處塗抹 NTU 101 發酵脫脂牛奶乙醇萃取物可藉由抗菌、抗氧化與抗發炎進而抑制齒槽骨流失程度，達到改善牙周病之效果（圖 106）。

NTU 101 預防牙周病功效成分鑑定

　　NTU 101 發酵脫脂牛奶乙醇萃取物之功效成分經管柱層析分離，再經核磁共振儀（nuclear magnetic resonance, NMR）及超高效液相層析串聯質譜儀（ultra-performance liquid chromatography-mass spectrometry, UPLC-MS） 之結果鑑定其為酪胺酸與乳酸之混合物（混合比率為 3:1）。

　　綜上所述，自 NTU 101 發酵牛奶乙醇萃取物分離純化出之酪胺酸與乳酸之混合物具有良好抗氧化與抗發炎之效果，具開發成抗牙周病保健成分之潛能。

　　NTU 101 發酵脫脂牛奶乙醇萃取物改善牙周病及其相關症狀之可能機轉則如圖 107 所示。

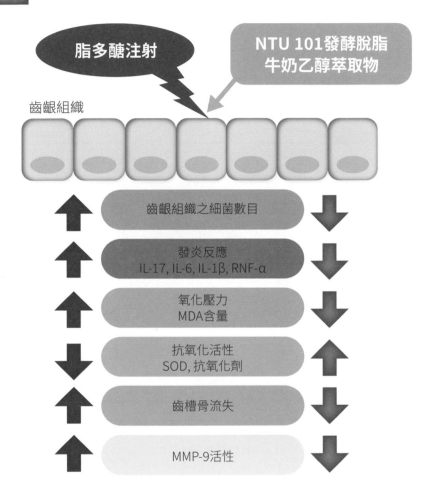

圖 106 NTU 101 發酵脫脂牛奶乙醇萃取物於大鼠模式中改善牙周發炎之可能機制。

資料來源：Food & Function (2018) 9: 4916-4925.

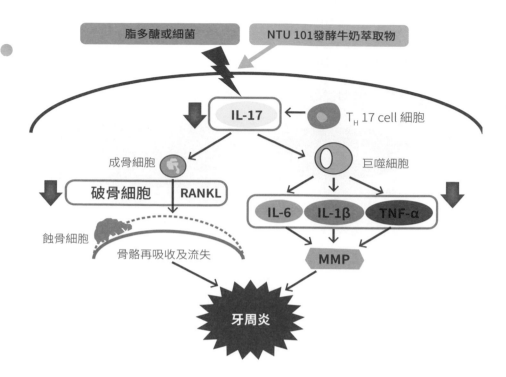

圖 107 NTU 101 發酵脫脂牛奶乙醇萃取物改善牙周病及其相關症狀之可能機轉。

資料來源：Nutrients (2018) 10: 472.

第七章

PART
2

骨質疏鬆症緩解：
對停經後雌激素缺乏造成
骨鬆有明顯緩解與預防效果

【本章研究重點摘要】

以 NTU 101 及 NTU 102（由植物泡菜分離之菌株）乳酸菌株豆漿牛奶發酵乳、未發酵豆漿牛奶及治療骨質疏鬆藥物福善美為餵食樣品，利用卵巢切除小鼠（模擬停經）為動物模式，評估乳酸菌發酵乳改善骨質疏鬆症狀之效果。結果顯示：

❶ 發酵豆漿牛奶含高量之非糖苷鍵結型大豆異黃酮、多醣、胜肽類、維生素 D 及可溶性鈣質等有利骨質生成之成分。

❷ 由微電腦斷層掃描分析及電子顯微鏡觀察結果可知：小鼠透過卵巢切除後明顯產生骨小樑數目及體積減少的現象。若餵食 NTU 101 發酵豆漿牛奶後，能有效增加骨體積及骨小樑數目，其增加倍數為卵巢切除對照組的 1.48 及 1.74 倍。

由以上結果可得知 NTU 101 發酵豆漿牛奶對停經後雌激素缺乏所造成之骨質疏鬆症狀有明顯的緩解與預防的功效。

總
結

NTU 101 發酵豆奶可有效增加骨體積及骨小樑數目，其增加倍數為卵巢切除對照組的 1.48 及 1.74 倍，對停經後雌激素缺乏所造成之骨質疏鬆症狀有明顯的緩解與預防的功效。

骨骼的組成與代謝

骨質再造或重塑（bone remodeling），主要為骨吸收與骨再形成之互相調節與動態平衡，大致可分 5 個階段：啟動期（initiation）、活化期（activation）、吸收期（resorption）、逆轉期（reversal）與形成期（formation）（Riggs and Parfitt, 2005）。二次骨重塑期間稱為靜止期，靜止期長短與生物個體的年齡或生理狀態有關，如成長發育期，骨形成速度遠大於骨吸收，骨量明顯增加，直到 20 至 30 歲時全身骨量達最高峰，成年人大部分骨骼皆處於靜止期，而婦女停經後 5 至 7 年內，每年骨質流失量可達 3-5 ％。

骨質疏鬆症之成因與分類及發病率

一般骨質疏鬆症依其成因可分為原發性骨質疏鬆及續發性骨質疏鬆兩大類：

■ 原發性骨質疏鬆：發生機率最高佔 90％，主要包含兩種：

（一）停經後所產生的骨質疏鬆症

以停經後婦女為高危險族群，年齡約在 50 至 70 歲間，主要發生骨折或斷裂的部位包括脊椎及手腕骨等骨小樑為主要結構組成的特定位置。

以臺灣為例，目前女性好發的年齡層有兩個，一群是 55 歲以後，罹病風險為 35 至 44 歲女性的 9.8 倍；另一群為 65 歲以後，風險增加為 12 倍。

（二）老年性骨質疏鬆症

發生年齡層為大於 70 歲的男性或女性，影響的方式為骨小樑

（海綿骨）及皮質骨（緻密骨）均產生骨質流失的情形，常見有髖骨骨折發生，而女性發生比例為男性的 2 倍以上，且每年以 5% 之比例增加當中，其可能也是由於女性停經後再加上年齡的影響，使得停經後婦女發生骨折機會比男性高，且髖部骨折導致死亡的機率亦較高，目前全世界每年至少有 150 萬人以上的案例發生。

■ **續發性骨質疏鬆：通常與年齡及性別無關，屬於任何年齡層或性別都可能發生的骨質疏鬆現象。**

通常是以去除或改善造成骨鬆現象之情況加以治療（Riggs and melton, 1995; NIH, 2000; Parvez, 2004）。

根據中華民國老年醫學會的統計得知：臺灣 65 歲以上的人口，每 9 人就有 1 人罹患骨質疏鬆症，而女性比男性多。65 歲以上的女性，每 4 人就有 1 人發生骨質疏鬆症；停經後的婦女，約有 25% 會發生骨質疏鬆症。

婦女停經後骨質疏鬆之演進與脊椎之變化情形示如圖 108。

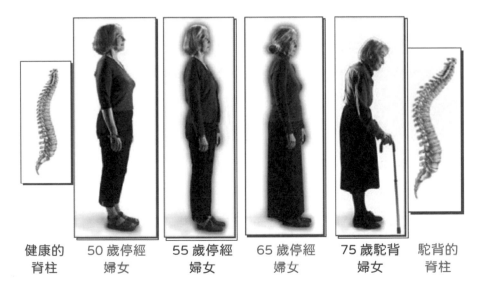

| 健康的脊柱 | 50 歲停經婦女 | 55 歲停經婦女 | 65 歲停經婦女 | 75 歲駝背婦女 | 駝背的脊柱 |

圖 108 婦女停經後骨質疏鬆之演進與脊椎之變化情形

骨質疏鬆症之症狀

骨質疏鬆症初期並無明顯的症狀，直到骨折時才警覺罹患此症，通常會有下列的症狀（華亦熙等，中華放射線技術學雜誌。(2005) 29: 81-95.）：

■ 疼痛

全身骨頭酸痛、無力，最常見於腰部、骨盆及背部，痛楚呈持續性且逐漸加劇。

■ 骨折

並非所有患者都有疼痛現象，但有可能因輕碰或摔跤就發生骨折，如脊椎或前臂橈骨骨折、肱骨、脛骨、骨盤骨及臀骨骨折，由於部分骨折的死亡率高達 50%，故須謹慎小心。

■ 駝背

若脊椎骨折後長期壓迫，身高會明顯變矮。

■ 脊椎側彎及關節變形

發生體型改變、疼痛、行動不便等情形，容易造成極大的負擔。

骨質疏鬆症之治療

骨質疏鬆症的治療可分為非藥物及藥物療法兩大類：

■ 非藥物性療法

包括適當攝取維生素 D 及鈣（如檸檬酸蘋果酸鈣）、運

動、戒菸戒酒以及其他膳食因子如植物性雌激素（大豆異黃酮、木質酚及薯蕷皂配基）、維生素 K、酪蛋白磷酸肽（casein phosphopeptide）、乳鹼基性蛋白（milk basic protein, MBP）、聚麩胺酸（γ-polyglutamic acid; γ-PGA）及果寡糖（fructooligosaccharides, FOS）等。

■ 藥物性療法

包括雙磷酸鹽類（bisphosphonates）、女性荷爾蒙（estrogen）、抑鈣素（calcitonin）、選擇性雌激素受體調節物質（selective estrogen receptor modulator, SERM）、補骨挺疏（strontium ranelate）及人工合成副甲狀腺素等（Brouns and Vermeer, 2000; Delmas, 2002; Waarsing et al., 2006; Keen, 2007; 洪等，2007）。

減緩及預防骨鬆的保健食品

由於許多藥物性療法常導致患者產生如肝病、高血壓、高血脂、乳癌、子宮肌瘤、中風等不良反應，因此目前許多研究多集中於開發以食物或加工產品形式之產品，透過非藥物性療法來減緩或預防骨質疏鬆症的發生。

近年來日本及臺灣的保健食品業者如雨後春筍般開發出一些針對預防骨質疏鬆症的產品，這些功效成分的機制包括：果寡醣會促進鈣的吸收、維生素 K2 會幫助鈣形成骨骼、乳鹼基性蛋白會提高骨密度、大豆異黃酮可防止鈣從骨骼溶出、聚麩胺酸可防止鈣與磷等生成不溶物而幫助鈣的吸收，因而有益於維持骨骼健康。

改善骨質疏鬆之動物實驗

骨質疏鬆模式老鼠之誘導係由國家實驗動物中心購入 48 隻 8 周齡 C57BL/6J 雌鼠，先自由飲水及攝食，使其適應 8 周。於母鼠 16 周齡大時，進行去除卵巢手術（ovariectomy, OVX）或偽手術（Sham）。

■去除卵巢手術（ovariectomy, OVX）

48 隻老鼠中之 40 隻進行去除卵巢手術，其操作方法如下：

小鼠以麻醉劑 tribromoethanol 腹腔注射進行麻醉，10 分鐘後以大小剪刀、鑷子、止血鉗、縫針、縫線及殺菌紗布進行背部卵巢切除手術。

背部卵巢切除手術之步驟如下：以酒精消毒小鼠背部皮膚後，以背部朝上方式用大剪將其背部正中央處剪開一洞，拉住皮層往左或右側移動，在肌肉層上剪開一小切口，找到卵巢後，以加熱燒紅之小鑷摘除卵巢，同法切除另一側卵巢。

待兩側卵巢完全切除後，以手術縫線及縫針縫合肌肉與皮膚切口，並於縫合傷口處塗以碘酒。

■ 偽手術（Sham）

48 隻老鼠中之 8 隻老鼠進行偽手術，其操作方法如下：

將小鼠僅切開背部皮膚及肌肉層後隨即進行縫合即為偽手術。

■ 餵食試驗

所有 48 隻老鼠經 2 周復原期後，正式進行餵食試驗。

■ 試驗鼠隻分組

將 48 隻試驗小鼠分成 6 組（n = 8），各組餵食劑量分別如下：

(1) Sham 組：偽手術小鼠每日餵食磷酸緩衝鹽水;(2) OVX 組：卵巢切除小鼠每日餵食磷酸緩衝鹽水；(3) FOX 組：卵巢切除小鼠每周餵食福善美 Fosamax（屬於雙磷酸鹽藥物的一種，進入體內後，可與骨骼中的無機鹽類 hydroxyapatite 結合，再被具有吸收骨頭功能的蝕骨細胞所吞噬。吞噬藥物後的蝕骨細胞會失去骨吸收能力，並會加速凋亡，所以能減少骨質的流失，達到治療骨質疏鬆症的效果，常作為停經後婦女骨質疏鬆症及男性骨質疏鬆症之治療藥物）；(4) NTU 101F 組：卵巢切除小鼠每日餵食 0.1 g NTU 101 發酵乳凍乾粉末（約含 3 x 10^{10} 菌數 /mouse）；(5) NTU 102F 組：卵巢切除小鼠每日餵食 0.1 g NTU 102 發酵乳凍乾粉末（約含 3.9 x 10^{10} 菌數 /mouse）；(6) NFSM 組：卵巢切除小鼠每日餵食 0.1 g 未發酵豆漿牛奶凍乾粉。

■ 老鼠骨密度之測定

老鼠骨密度之測定係使用 Norland 骨密度偵測儀（DEXA, Dual-Energy X-ray Absorptiometer，示如圖 **109**）測定。將小鼠以麻醉劑 tribromoethanol 腹腔注射進行麻醉後，將麻醉小鼠放置於檢測台上進行掃描，利用系統之軟體分析小鼠全身、頭部、脊椎及左、右腿骨之骨密度，測量結果以骨密度（bone mineral density, BMD）（單位為 g/cm^2）值表示。

在各餵食組間，骨密度並無明顯差異。小鼠全身中以頭部之骨密度最高，腿部骨密度次之，而脊椎之骨密度最低，故發生骨折或斷裂的機會則以脊椎及腿部較高。

圖 109 測定老鼠骨密度之骨密度偵測儀（DEXA, Dual-Energy X-ray Absorptiometer）

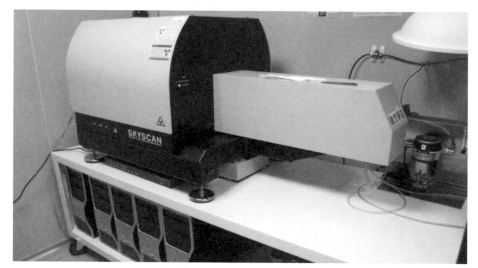

圖 110 SkyScan1076 微電腦斷層掃描分析系統（m-CT）

- **掃描式電子顯微鏡（Scanning electron microscopy）之鏡檢分析**

犧牲時所得之左腿股骨先以冷凍切片刀自膝蓋中央部分縱切後，以 5 % 次氯酸鈉（sodium hypochlorite）溶液浸泡後以丙酮進行乾燥。將所得骨片段固定於載台上，並以 Hitachi E101 ion sputter（Hitachi Ltd）儀器塗佈金／鉑（gold/

palladium）後，利用掃描式電子顯微鏡進行影像分析，並針對遠端股骨及骨小樑部分進行不同放大倍數之分析。

■微電腦斷層掃描分析系統（μCT, Skyscan）

　　犧牲後所得檢體以微電腦斷層掃描分析系統（圖110）掃描後，其相關影像參數再利用 CTAn 軟體進行分析。

■各組老鼠股骨之微電腦斷層掃描及電子顯微鏡檢查結果

　　將 (1) 去除卵巢模擬停經小鼠（控制組）、(2) 餵食 NTU 101 或 (3)NTU 102 乳酸菌發酵凍乾粉與 (4) 服用骨質疏鬆治療藥物福善美等四組小鼠之股骨，進行微電腦斷層掃描及電子顯微鏡檢查，結果如圖 111 所示。由圖可得知 NTU 101 或 NTU 102 益生菌發酵凍乾粉改善骨質疏鬆之效果均與福善美藥物之效果接近，有不錯之改善效果。

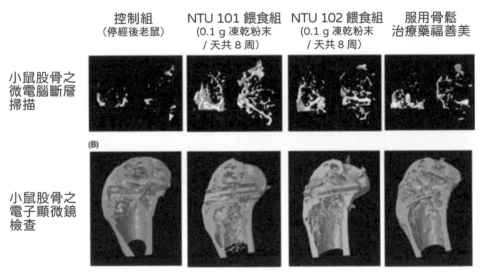

控制組（停經後老鼠）　NTU 101 餵食組（0.1 g 凍乾粉末/天共 8 周）　NTU 102 餵食組（0.1 g 凍乾粉末/天共 8 周）　服用骨鬆治療藥福善美

小鼠股骨之微電腦斷層掃描

小鼠股骨之電子顯微鏡檢查

圖 111 餵食 NTU 101 乳酸菌可提升骨密度，延緩因停經所造成的骨質疏鬆。

資料來源：Chiang and Pan, J. Agric. Food Chem. 2011, 59: 7734–7742.

圖 112 中紅色箭頭顯示較脆弱的骨結構（cylindrical rod），而藍色箭頭顯示較堅固的骨結構。由圖可以得知：餵食 NTU 101 乳酸菌及其代謝物可提升骨密度，延緩因停經所造成的骨質疏鬆。

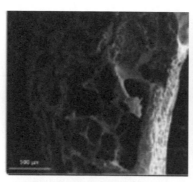

正常小鼠大腿骨的細部構造

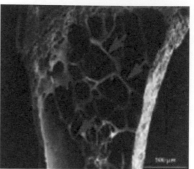

手術切除卵巢小鼠大腿骨的細部構造

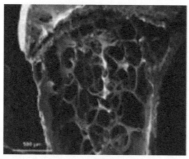

手術切除卵巢小鼠配合藥物治療的大腿骨細部構造

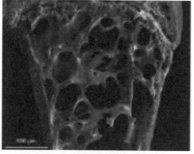

手術切除卵巢小鼠配合 NTU 101 治療的大腿骨細部構造

圖 112 餵食 NTU 101 乳酸菌及其代謝物可提升骨密度，延緩因停經所造成的骨質疏鬆，紅色箭頭顯示較脆弱的骨結構（cylindrical rod）藍色箭頭顯示較堅固的骨結構（parallel plate）

參照衛生福利部公佈之「健康食品之改善骨質疏鬆評估方法」，以 NTU 101 及 NTU 102 乳酸菌株單獨培養製備之豆漿脫脂牛奶發酵乳，加上未發酵豆漿牛奶及福善美藥物當作食物樣品，利用卵巢切除小鼠動物模式，評估乳酸菌發酵乳改善骨質疏鬆症狀之能力。

結果顯示，發酵豆奶中因含高量之非糖苷鍵結型大豆異黃酮、多醣、胜肽類、維生素 D 及可溶性鈣質等有利於骨質生成之成分。配合微電腦斷層掃描分析及電顯結果可知，小鼠經卵巢切除後明顯產生骨小樑體積減少，若餵食 NTU 101 發酵豆漿牛奶，能有效增加其骨小樑網狀結構的緻密程度，可知其對停經後雌激素缺乏所造成之骨質疏鬆症狀有明顯的緩解與預防的功效。

| 第八章 |

結直腸癌化療副作用緩解：
抑制癌細胞生長、
改善厭食與嘔吐虛弱等

【本章研究重點摘要】

❶ NTU 101 發酵脫脂乳萃取物與人類乙狀結腸腺癌細胞 HT-29 或小鼠結腸癌細胞 CT26 一起培養，可以有效抑制結直腸癌細胞生長，使結直腸癌細胞存活率下降。

❷ NTU 101 發酵脫脂乳萃取物與化療藥物 5- 氟尿嘧啶（fluorouracil，簡寫為 5-FU）合併使用可增強抗癌藥物抑制癌細胞生長之效果，並減緩化療藥物所造成之副作用。

❸ NTU 101 發酵脫脂乳輔助化療藥物的效果非常顯著，可有效改善化療藥物所造成的副作用，如體重減輕 、食慾不振、免疫抑制與貧血等。

❹ 化療藥物與 NTU 101 發酵脫脂乳合併使用可改善小鼠腫瘤體積，由模式鼠的 2880.1 mm^3 縮小至單獨化療組的 616.6 mm^3 與化療合併餵食 NTU 101 乳酸菌組之 184.9 mm^3。

❺ 化療藥物與 NTU 101 發酵脫脂乳合併使用可改善小鼠腫瘤重量與轉移，證實 NTU 101 發酵乳具有開發成改善化療副作用輔助劑之潛能。

❻ 以體外結直腸癌細胞模式確認 NTU 101 發酵脫脂乳中所含之棕櫚酸（palmitic acid）、硬脂酸（stearic acid）與 glyceryl 1,3-dipalmitate 混合物為主要活性成分。

NTU 101 發酵脫脂乳萃取物可顯著降低結直腸癌細胞存活率；增強抗癌藥物抑制癌細胞生長之效果；改善化療藥物所造成的副作用；改善小鼠腫瘤體積、重量與轉移。以上功效之成分為棕櫚酸（palmitic acid）、硬脂酸（stearic acid）與 glyceryl 1,3-dipalmitate。

根據目前的研究結果顯示，NTU 101 可以調節腸道菌相、抗氧化、抗癌細胞增殖、抗發炎與調節免疫功能之活性，在在顯示具有抗結直腸癌活性。

認識結直腸癌及其可能症狀與成因

世界衛生組織預測未來 20 年因癌症死亡人數占所有死亡人數比率將增加到 70%，世界衛生組織統計數字更顯示癌症為目前全球發病與死亡之主要原因，而直腸癌則是全球最常發生的惡性腫瘤之一（Brenner et al., 2020）。

從國內衛生福利部 2021 年統計資料也顯示，惡性腫瘤（癌症）仍位居國人死因之首，結直腸癌更是國人癌症死因第三位，也是發生率最高的癌症，不論是男性或女性皆為死亡率之第三位。相較於 10 年前之數據，結直腸癌死亡之每日發生數已由 11 上升至 15，種種數據皆顯示，對於結直腸癌的預防與治療是不容忽視的。

結直腸癌的臨床症狀會因腫瘤位置不同，導致所引發之症狀也不一樣，如腹部右側之大腸癌較常出現的症狀為腹痛、體重減輕、腹脹與貧血；而腹部左側之大腸癌較常出現的症狀則為排便習慣改變、腹痛及直腸出血。直腸癌主要出現的症狀為肛門出血

及排便習慣改變；有時也會出現大便形狀變細、食慾不振、嘔吐、持續的疲倦感、腹瀉或便秘等症狀發生（馬偕醫院 2011）。

結直腸癌的成因大致可分為下列 3 種，分別為：(1) 腸炎性疾病（潰瘍性結腸炎與克隆氏症）、(2) 基因遺傳（家族性大腸瘜肉症與非瘜肉型大腸直腸癌）與 (3) 環境生活因子。而環境因素與結直腸癌的發生有密切的關係，其包括環境致癌與發炎物質、飲食內容、作息及身體機能老化等因素（Abreu and Peek 2014）。研究亦顯示初期結直腸癌之誘發與腸道微生物和環境因素，如飲食和生活方式有密不可分的關係（Slattery et al., 2007; Dejea et al., 2013）。

結腸直腸癌之治療

美國癌症聯合委員會（American Joint Committee on Cancer）於 1997 年，根據腫瘤侵犯之深度、淋巴結擴散的嚴重度及有無遠處擴散，將結腸直腸癌分為 0 期至 4 期（**圖 113**），其亦為目前常用之分期法（Colon Cancer Treatment: Patient Version 2002）。第 0 期：又可稱作原位癌，腫瘤只在結腸或直腸的黏膜層；第 1 期：腫瘤已發展至結腸或直腸的黏膜下層至肌肉層；第 2 期：腫瘤更深入地延伸至結腸或直腸壁，但並未穿透漿膜層，且癌細胞尚未擴散至淋巴結；第 3 期：腫瘤穿透腸壁並擴散至附近淋巴結中，但尚未轉移到身體的其他部位；第 4 期：稱為大腸癌末期，癌細胞已轉移至身體的其他器官。目前治療上，依分期而搭配手術治療、化學藥物治療、標靶治療與放射線療法等 4 種，其中以手術治療占 8 成，再搭配後面 3 種療法作輔助療法（Chau and Cunningham, 2002）（表 27）。

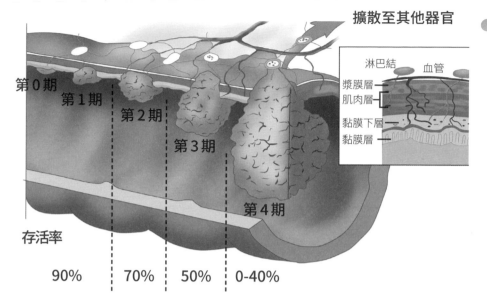

擴散至其他器官

第 0 期

第 1 期

第 2 期

第 3 期

第 4 期

淋巴結　　　血管
漿膜層
肌肉層
黏膜下層
黏膜層

存活率

90%　　70%　　50%　　0-40%

圖 113 美國癌症聯合委員會之結直腸癌分期法，根據腫瘤侵犯之深度、淋巴結擴散的嚴重度及有無遠處擴散，將結腸直腸癌分為 0 期至 4 期。

資料來源：American Joint Committee on Cancer

表 27 第 0 期至第 4 期結直腸癌治療之指導方針

期程	治療之指導方針
第 0 及第 1 期	最好的治療方式為手術，不必化療，但仍需定期追蹤
第 2 期	手術後輔以化療
第 3 期	手術後須進行化療與放射治療
第 4 期	小部分病人仍有機會以手術切除癌細胞，同時進行化療與標靶治療

第八章：結直腸癌化療副作用緩解：抑制癌細胞生長、改善厭食與嘔吐虛弱等

化學療法之副作用

目前主要治療大腸癌所採用的方法，為患者接受外科手術切除腫瘤後，輔助給予化學療法。雖化療已廣泛使用且被證實能有效改善患者的存活率，但化療藥物通常非專一性的毒殺腫瘤細胞，對正常組織和細胞也有毒性，並伴隨產生抗藥性及嚴重副作用。

常見的化療副作用包括：體重減輕、食慾不振、噁心嘔吐、免疫抑制、骨髓抑制與腸道毒性等多種副作用，這些綜合發生的副作用已超過藥劑的治療益處，而這些副作用常常影響患者後續的治療意願或直間接造成病患死亡。因此目前有研究在天然物中尋找具有減低癌化作用並且達到化學預防作用的物質，以減少對化療藥物的依賴及其伴隨的有害副作用，進而成為一種新的輔助性療法。

化療藥物治療癌症之缺點與改善方法

目前使用化療藥物治療結直腸癌相當普遍，但化療藥物 5-氟尿嘧啶（fluorouracil, 5-FU）常常使病患產生嚴重的副作用

進階學習

癌症化學預防

癌化（carcinogenesis）之進展為緩慢進行且涵蓋不同層次之細胞變異與組織病理發展，最後形成癌症（cancer）。癌症化學預防（cancer chemoprevention）係指利用天然物質或合成的化合物組合達到預防（prevention）、阻斷（suppress）、停滯（regress）或反轉（reverse）癌症的進程或抑制癌症惡化（progression）。有越來越多流行病學及動物研究發現，存在於發酵食品、蔬果與藥草等食物中之微量化學物質具有多樣藥理特性，有益於預防多種癌症之發生（Tsuda et al., 2004）。

（如厭食、嘔吐、虛弱、免疫抑制等），並影響患者的生活品質。因此，找出可與化療藥物合併使用，並減緩化療藥物所造成之副作用或增強藥物療效之物質日漸受到重視。

　　研究團隊研究發現 NTU 101 發酵脫脂乳萃取物與化療藥物 5-FU 合併使用可增強抗癌藥物抑制癌細胞生長之效果。此部分之研究成果發表於學術期刊 J. Agric. Food Chem. (2018) 66: 5549-5555。

■ NTU 101 發酵產物可增強抗癌藥物抑制癌細胞生長

　　我們研究團隊發現將 NTU 101 發酵脫脂乳萃取物與人類乙狀結腸腺癌細胞 HT-29 或小鼠結腸癌細胞 CT26 一起培養，可以有效的抑制結直腸癌細胞生長，使結直腸癌細胞存活率下降。NTU 101 在抑制癌細胞生長的同時，卻不會造成正常的腸道細胞或免疫細胞死亡（J. Agric. Food Chem. (2018) 66: 5549-5555.）。

■ NTU 101 脫脂乳發酵液可當結直腸癌化療藥物之輔助劑

（一）CT26-luc 細胞原位誘導結直腸癌動物模式之建立

　　本研究所使用 CT26-luc 細胞原位誘導結直腸癌動物模式係參考 Tseng 及 Terracina 等之方法（Tseng *et al.*, 2007; Terracina *et al.*, 2015）加以修飾建立（Tseng, 2007；Hatanaka, 2011; Terracina, 2015）。本實驗之結直腸癌原位誘導時程如圖 **114** 所示。小鼠於原位誘導結直腸癌後休息 1 周，使小鼠康復，接著進行餵食化療藥物 5-FU（40 mg/kg bw/day），並同時餵食 NTU 101 發酵乳（1 g/kg bw/day）共 4 周。

而試驗與手術流程則如圖 115 所示。因生物膠（matrigel）可防止細胞溢漏至腹膜腔引發其他類型的癌症，乃於手術進行前先將 CT26-luc 細胞懸浮液與生物膠以 1:1 之比例進行混合。該生物膠亦可提供腫瘤生長初期所需之攀附與支持結構，以提高誘導成功率。

本實驗之手術操作均在無菌操作台內完成。首先以 2% 之異氟醚（isoflurane）麻醉小鼠使仰躺於手術台。並小心剃除小鼠腹部毛使用 75% 乙醇消毒。於腹腔進行開創，創口約 1 至 1.5 cm，小心地取出盲腸並用溫生理食鹽水保持濕潤。使用 30 G 針頭的 1 mL 針筒將 CT26-luc 細胞懸浮液（5×10^4 cell/20 µL）注射到盲腸壁中，並檢查注射部位是否滲漏，用溫生理食鹽水再次潤濕盲腸，並輕推盲腸使其返回腹腔。最後利用 5-0 大小的鉻化腸線以單純間斷縫合法封閉腹壁肌肉層與表皮創口。

（二）探討 NTU 101 發酵脫脂乳抗結直腸癌之效果

原位誘導小鼠結直腸癌後再評估 NTU 101 發酵脫脂乳抗結直腸癌之效果：每天餵食化療藥物 5-FU（40 mg/kg bw/day），並同時餵食 NTU 101 發酵乳（1 g/kg bw/day）共 4 周，

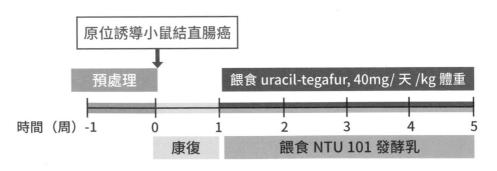

圖 114 小鼠結直腸癌之原位誘導時程

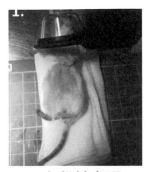

小鼠前處理
以 2% 之異氟醚
（isofluramce）
麻醉小鼠

剖腹手術
決定肝臟位置
於肝臟下方開創，
創口約 1 至 1.5cm

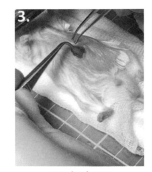

露出盲腸
小心地取出盲腸
並用溫生理食鹽水
保持濕潤

注射點

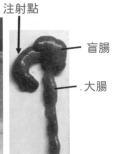

盲腸

大腸

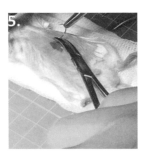

將細胞注入盲腸壁
使用 30 G 針頭的 1 mL 針
筒將 CT26-luc 細胞懸浮液
（5*10^4 cell / 20μL）注射到
盲腸壁中

縫合
輕推盲腸使其返回腹腔利
用 5-0 大小的鉻化腸線以
單純間斷縫合法封閉腹壁
肌肉層與表皮創口

圖 115 原位誘導小鼠結直腸癌之實驗流程圖與手術過程腫瘤細胞注射位
置。（參照 Tseng et al., 2007; Terracina et al., 2015. 方法加以修飾而建立）

期間分別監測動物生理指標（攝食量與體重）、量測腫瘤體積與轉移現象並檢測生化指標（包含促發炎細胞激素含量、超氧歧化酶活性、丙二醛含量、全血血球計數及白血球細胞分群等）。

（三）NTU 101 發酵脫脂乳輔助化療藥物的效果——改善化療藥物所造成的體重減輕、食慾不振

測量小鼠體重及計算攝食飼料重，由結果發現 NTU 101 發酵脫脂乳輔助化療藥物的效果非常顯著，其可以有效地改善化療藥物所造成的副作用，如體重減輕、食慾不振（圖 116）（J. Funct. Foods (2019) 55:36-47.）。

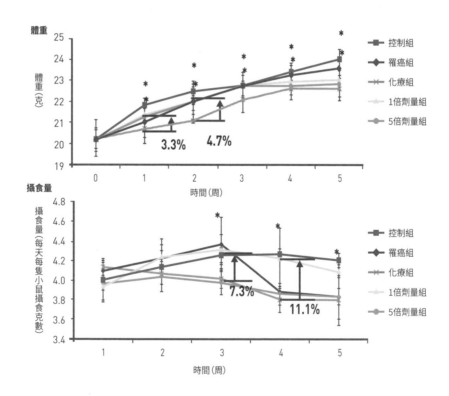

圖 116 NTU 101 發酵脫脂乳輔助化療藥物的效果：改善化療藥物所造成的體重減輕、食慾不振。

（四）NTU 101 發酵脫脂乳輔助化療藥物的效果──減輕小鼠腫瘤體積與減少腫瘤轉移

量測小鼠腫瘤大小得知：化療藥物與 NTU 101 發酵脫脂乳合併使用可改善小鼠腫瘤體積（圖 117）。其中結直腸癌腫瘤體積（粉紅色部分）可由模式鼠的 2880.1 mm^3 縮小至單獨化療組的 616.6 mm^3（減為原來的 21.4%）與化療合併餵食 NTU 101 乳酸菌組之 184.9 mm^3（減為原來的 6.4%）（J. Funct. Foods (2019) 55: 36-47.）

化療藥物與 NTU 101 發酵脫脂乳合併使用可改善腫瘤轉移情形（圖 118），圖中紅色箭號顯示轉移之結直腸癌腫瘤，顯示化療組可減少轉移之結直腸癌腫瘤數目，而化療加乳酸菌組轉移之結直腸癌腫瘤數目更顯著減少（J. Funct. Foods (2019) 55: 36-47.）。

由以上結果可證實 NTU 101 發酵脫脂乳具有開發成為改善化療副作用輔助劑之潛能。上述試驗結果發表於 J. Funct. Foods (2019) 55: 36-47。

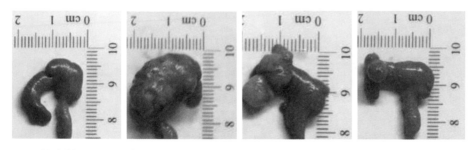

| 控制組 | 結直腸癌動物模式 | 化療組 | 化療加乳酸菌組 |

圖 117 添加益生菌當化療輔助治療劑，可將結直腸癌腫瘤體積（粉紅色部分）縮小：單獨化療組減為原來的 21.4%，與化療合併餵食 NTU 101 乳酸菌組減為原來的 6.4%。

資料來源：J. Funct. Foods (2019) 55: 36-47.

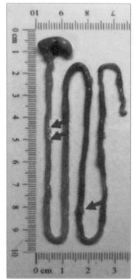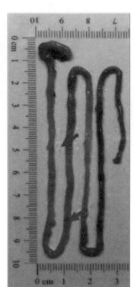

| 結直腸癌動物模式組 | 化療組 | 化療加乳酸菌組 |

圖 118 NTU 101 發酵脫脂乳合併化療藥物抑制結直腸癌小鼠腫瘤轉移之效果。（紅色箭號顯示轉移之結直腸癌腫瘤）

資料來源：J. Funct. Foods (2019) 55: 36-47

■ NTU 101 脫脂乳發酵液改善化療藥物引發副作用之可能機轉圖

　　經探討後得知 NTU 101 發酵脫脂乳能當作化療輔助治療劑，改善化療副作用並能降低結直腸癌腫瘤體積、抑制腫瘤轉移，其可能之機轉如圖 119 所示。

■ NTU 101 發酵脫脂乳酒精萃取物中抗結直腸癌與輔助化療藥物活性成分之分離、純化與鑑定

　　我們研究團隊發現 NTU 101 發酵脫脂乳具有抑制癌細胞生長、抗氧化與調節免疫活性之多醣與脂肪酸含量皆顯著增加（此

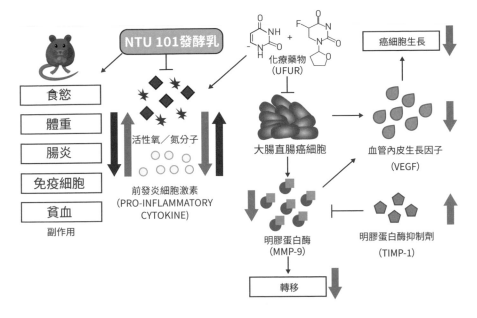

圖 119 NTU 101 發酵脫脂乳合併化療藥物 5-FU 對原位誘導結直腸癌小鼠減輕化療副作用並降低結直腸癌腫瘤體積、抑制腫瘤轉移之可能機轉（紅色代表原位誘導大腸癌小鼠之變化；綠色代表原位誘導大腸癌小鼠餵飼 NTU 101 發酵乳之變化）。

部分結果發表於 J. Sci. Food Agr. (2011) 91: 2284-2291. 與 J. Funct. Foods (2016) 26: 238-248.），乃進一步分離、純化與鑑定 NTU 101 發酵脫脂乳酒精萃取物中主要之抗結直腸癌與輔助化療藥物之活性成分。

以體外結直腸癌細胞模式評估活性成分抑制癌細胞增殖之能力，結果確認 NTU 101 發酵脫脂乳中所含之棕櫚酸（palmitic acid）、硬脂酸（stearic acid）與 glyceryl 1,3-dipalmitate 混

合物為主要活性成分，可以有效降低化療藥物之使用濃度，並增強抑制癌細胞生長的效果，同時相關之抑制機轉也被確認並發表於 Food Funct. (2019) 10: 7634-7644，該研究成果獲選為該期刊 2019 年 12 月號之封面故事（cover image）（**圖 120**）。

圖 120 NTU 101 發酵產物與化療藥物共用，可有效降低化療藥物之使用濃度，並增強抑制癌細胞生長、轉移之效果，研究成果獲選為 2019 年 12 月號食品與機能學術期刊（Food & Funct.）之封面故事（cover image）。

資料來源：Food Funct. (2019) 10: 7634-7644

APPENDIX

附錄

【附錄 1】

益生菌用於流感、新冠肺炎、 長新冠的輔助療法研究

　　2019 年開始爆發的新冠肺炎，打亂了全球經濟、社會等各個層面。在疫情逐漸緩解之際，許多染疫後痊癒的確診者仍深受長新冠症狀所苦。而益生菌在流感、新冠肺炎，甚至是長新冠症狀緩解上，扮演了什麼角色呢？以下就讓我們將收集到的資料，與各位共同分享、討論。

　　新冠肺炎會產生哪些症狀？我們可以從下面這張由臺灣衛生福利部疾病管制署所公布的圖（**圖 121**），了解新冠急性感染與長新冠的不同。

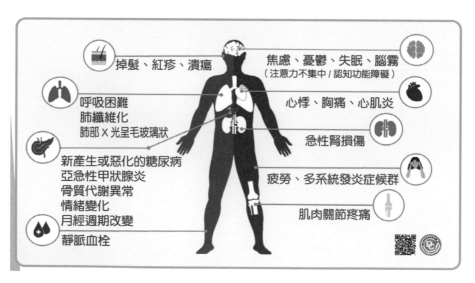

圖 121 急性感染新冠肺炎會出現之症狀
資料來源：臺灣衛生福利部疾病管制署

益生菌與流感

1. 美國印第安那大學的研究發現，服用乾酪乳桿菌（*Lactobacillus casei*）和發酵乳桿菌（*Lactobacillus fermentum*）3 個月，可降低上呼吸道感染機率。

2. 西班牙 Biosearch Life 公司在 2019 年針對 98 位住在安養中心的老人進行研究，發現服用益生菌除了能增強免疫力外，還能提升流感疫苗的效力。

3. 經動物實驗結果發現，將感冒病毒注射進入服用益生菌老鼠的呼吸道，結果約有 9 成病毒在鼻腔即死亡，未能進入肺部，代表益生菌的使用可降低感冒機率。

由上可知，益生菌所引發的免疫調節作用，能幫助我們對抗流感病毒。至於對於新冠肺炎是否同樣有效，則尚須進行大規模甚至是長期的研究，方能下結論。

益生菌與新冠肺炎

■ 益生菌可預防繼發細菌感染

益生菌對於抵抗新冠肺炎是否有幫助？這個問題從 2019 年爆發新冠肺炎開始，就一直受到研究人員的關注。據傳中國的衛生健康委員會（衛健委）發布的新冠肺炎診療方案中推薦使用益生菌，導致中國益生菌銷量暴增。

中國衛健委確實在 2020 年 1 月 27 日發布的新型冠狀病毒感染的肺炎診療方案（試行第四版）以及 2020 年 2 月 5 日發布的方案（試行第五版）中提到針對重型、危重型病例，「可使用『腸道微生態調節劑』，維持腸道微生態平衡，預防繼發細菌感染」（圖 122）。

　　不過要注意，這只是用在預防繼發細菌感染，不是治療或預防新冠肺炎本身，所以大家還是要有正確的認知。在新型冠狀病毒感染的肺炎診療方案指出可使用皮質激素或血必淨治療（並非使用益生菌當治療劑），但也提及：針對重型、危重型病例，可使用腸道微生態調節劑，維持腸道微生態平衡，預防繼發細菌感染。新冠肺炎死於繼發性感染者並不少，故腸道微生態調節劑（即是益生菌產品，如菌粉等）仍對新冠肺炎的整體治療有一定的功效。

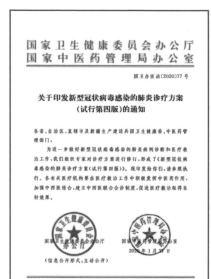

圖 122 中國的衛生健康委員會（衛健委）發布的新型冠狀病毒感染的肺炎診療方案中提到可使用皮質激素或血必淨治療，針對重型、危重型病例，可使用「腸道微生態調節劑」，維持腸道微生態平衡，預防繼發細菌感染。

■ 益生菌使用於疫苗生產

　　2020 年 4 月，科羅拉多州立大學（Colorado State University）以常見的益生菌——嗜酸乳桿菌（*Lactobacillus acidophilus*）進行基因編輯，將細菌轉化為一種誘導人體免疫反應的藥物，期望阻止新冠病毒和宿主細胞結合的棘突蛋白上 2 個關鍵位點。若此作法能夠成功，則新冠病毒將不能與目標宿主細胞結合。研究團隊目前已向 NIH 申請資金補助，計畫以此製

作出新冠肺炎疫苗。

研究人員表示，這種疫苗具有以下優點：安全，可以做成膠囊用口服的方式，製作成本低，也不需要冷藏。（資料來源：https://medicalxpress.com/news/2020-04-pursue-vaccine-achilles-heel-coronavirus.html）

個人認為這是研究益生菌用於疫苗生產的初步研究成果，期望後續的研究能有更具體的成果。當然如果要使用於新冠肺炎之防制，一定要有臨床試驗報告。

■ 益生菌使用於預防新冠肺炎的輔助療法

2020 年 3 月 17 日，韓國梨花女子大學醫學中心泌尿科的教授 Yoon Ha-na 研究發現，在發酵的沙棘果萃取物中含有大量的加氏乳桿菌（*Lactobacillus gasseri*），可抑制冠狀病毒的嘌呤（purine）活性，而沙棘果萃取物中含有的嗜熱鏈球菌（*Streptococcus thermophiles*）和鼠李糖乳酸桿菌（*Lactobacillus rhamnosus*），與新冠肺炎擁有相同的化學結合位點，並會影響愛滋病病毒的蛋白質活性。此外，它們還含有9 種抗氧化劑、6 種礦物質和 16 種胺基酸等有益物質。

有鑑於此，該研究團隊認為，益生菌可作為預防新冠肺炎的輔助療法。

個人也認為這些研究是較前期的成果，期待更具體的研究成果能早日發表。（資料來源：http://www.koreabiomed.com/ncws/articleView.html?idxno=7744）

何謂長新冠

世界衛生組織（World Health Organization, WHO）給長新冠的定義是「症狀在新冠肺炎染疫後 3 個月內出現、持續至少 2 個月之症狀」，也就是即使新冠肺炎病人體內病毒已清除，但其腸道微生態失衡的狀態仍然持續，可能導致一系列長期病徵，這種狀況稱為「長新冠（Long COVID）」。

世界衛生組織估計，全球約有 10% 至 20% 新冠患者即使在康復後，病毒仍會殘留幾星期甚至幾個月。這些長期病徵是否會消失，「長新冠」最長可以持續多久，全由確診者的腸道微生態狀況決定。

■ 美國人之長新冠症狀

根據美國 CDC 發表的報告顯示，確診者平均每 5 名成人中有 1 人出現長新冠，65 歲以上則是每 4 人中有 1 人。

美國一項 5 萬名病人的統計研究列出多達 55 項的後遺症，前 5 名是疲倦（58%）、頭痛（44%）、注意力衰退（27%）、掉髮（25%）以及氣促（24%）。

■ 臺灣人之長新冠症狀

根據臺北榮總的調查：臺灣人之長新冠前 5 項症狀是掉髮（43%）、睡眠障礙（39%）、關節痛（30%）、疲勞（26%）與肌肉痠痛（15%）等。另外憂鬱、焦慮、咳嗽、記憶衰退（腦霧）、味嗅覺改變等，也是常見的後遺症。

臺灣衛生福利部於 2022 年 2 月開設「Covid-19 染疫康復者門住診整合醫療計畫」以便追蹤，尤其自 2022 年 4 月 Omicron

本土疫情大爆發以來，累積確診人數快速增加，醫療應變組副組長羅一鈞表示，截至 6 月 8 日止，一共有 787 人前往長新冠門診就醫，其中以臺北市 420 例最多、新北市 201 例次之，其他縣市相對較少。

從目前收案的長新冠個案來看，確診後解隔病人可能出現 9 大症狀，包括呼吸道、掉髮、紅疹，另外也有憂鬱、焦慮、失眠等，以及先前出現的腦霧等神經認知功能症狀；心悸、胸痛等也是常見後遺症。據多份報告指出，女性受長新冠影響較男性來得大。

■ 香港人之長新冠症狀

香港人 5 種最常見的長新冠症狀包括疲倦、記性差、失眠、呼吸困難和掉髮。

香港中文大學醫學院早前的研究亦顯示，76% 新冠患者康復後 6 個月內出現至少一種症狀，包括疲倦、記憶力和注意力問題（腦霧）、脫髮、焦慮和睡眠困難等。

香港理工大學研究自 2020 年 10 月追蹤由香港 5 間醫院轉介的 118 名新冠患者的康復情況，發現約 43% 的人在確診後 12 個月，仍然有「疲勞綜合症」，出現疲勞、下肢肌肉乏力等情況，影響日常生活。

益生菌與長新冠

從過去研究流感及 SARS 的經驗，科學家們深知要對付新冠肺炎一定不可以忽略腸道菌的角色。香港中文大學黃秀娟教授團隊在疫情剛發生時，很快地著手進行研究，他們發現感染肺部的

新冠病毒居然也能在糞便中找到，證明新冠肺炎病情和腸道菌失衡高度相關。

後續該研究團隊發現，有高達 76% 的新冠肺炎病患在 6 個月後仍然有各種長新冠症狀，在分析了多達 106 位長新冠病患的腸道菌變化後，發現有些特定腸道菌株與長新冠症狀呈現正相關（紅線），有些則呈現負相關（藍線），例如有呼吸道後遺症（如氣促）者，多枝丹毒莢膜菌（*Erysipelatoclostridium ramosum*）相對較多，而藍線相連的產丁酸丁香桿菌（*Agathobaculum butyriciproducens*）等 3 株菌株則較少（**圖 123**）。這個研究後來發表在 2022 年 4 月的《腸胃》（Gut）期刊上。

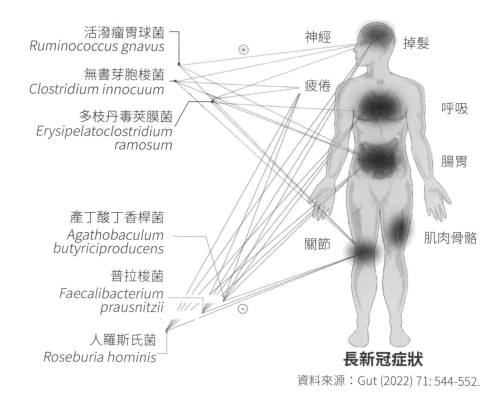

資料來源：Gut (2022) 71: 544-552.

圖 123 新冠肺炎患者腸道菌相確實有所改變

圖片出處：Gut（2022）71: 544-552. 菌名已依國家教育研究院中英文翻譯規定譯成中文

　　雖然有人認為這只是觀察性研究，因果關係不明，但我認為，這項研究清楚證實長新冠與腸道菌的平衡相關。若能透過分析腸道菌相以預測長新冠的發生機率，則對整個公衛發展會有很大助益。

腸道菌相失衡對新冠肺炎之影響

■ 研究方法

　　為瞭解腸道微生態失衡對新冠肺炎的影響，香港中文大學醫學院研究團隊在 2020 年 2 月至 5 月間，收集了 100 名新冠肺炎住院病人的血液及糞便樣本以及病歷。其中 41 人於住院期間提供多次糞便樣本，甚至 27 人於病毒清除後 30 天，仍繼續提供樣本。研究人員另從病人的血漿中檢測炎性細胞因子及血液標記的濃度。

■ 研究結果：長新冠患者有明顯的腸道微生態失衡

　　從 100 位病人樣本所得的數據，與 78 名沒有感染新冠肺炎的人士提供的樣本作比對。主要結果如下：

(1) 新冠肺炎患者的病情嚴重程度與其腸道微生態失衡程度是一致的；

(2) 微生態失衡與血液內的炎性細胞因子、趨化因子及反映器官受損的標記密切關連；

(3) 與沒有感染的人士相比，新冠病人腸道內的「壞菌」較多，例如活潑瘤胃球菌（*Ruminococcus gnavus*）、扭鏈瘤胃球菌（*Ruminococcus torques*）和擬桿菌屬（*Batceroidcs dorei*）；

(4) 新冠肺炎患者缺乏已知能夠調節免疫力的「好菌」，例

如普拉梭菌（*Faecalibacterium prausnitzii*）、真桿菌
（*Eubacterium rectale*）及幾種雙歧桿菌（*bifidobacteria
spp.*）；其中普拉梭菌和雙歧桿菌與新冠肺炎病情嚴重程度
有關；

(5) 患者病毒清除後 30 天，「好菌」的水平仍然偏低。

　　總結是：腸道微生態失衡與感染新冠肺炎後病情的嚴重程度
出現持續相關症狀，而且持續發炎的病徵（即「長新冠」）都有
密切關連。由臨牀數據顯示補充腸道所缺乏的益菌可以紓緩病情
及促進抗體產生，現正研究利用改善腸道微生態失衡以減少「長
新冠」的風險。

■ 避免長新冠應補充腸道益菌改善腸道微生態

　　《腸胃》（Gut）期刊內容也指出：新冠肺炎確診者與非感
染者之糞便菌相，的確有明顯的差異。此結果顯示，不論是防疫
者或是確診者，營養飲食都是必要關鍵。

　　維持良好的腸道健康，在防疫期間是十分關鍵的事，不只一
般人需要，已感染新冠肺炎者更是需要。

　　綜上所述，世界各國之專家學者發現腸道細菌扮演的角色非
常重要，牽涉範圍極廣，本文所述新冠肺炎，乃其中之一、二而
已。導致這些疾病其原因可能與「發炎」及「免疫」有關。特定
的細菌所釋放的內毒素及其他有害分子會經腸壁「滲漏」至血液
中，進而觸發人體的免疫反應、造成發炎，產出很多發炎物質，
而對身體造成傷害。在腸道的菌株，有些是好菌有些是壞菌，如
何維持動態的「均勢」與「平衡」，才能使免疫力增強，減低感
染新冠肺炎的死亡率。

精準醫療、再生醫療 扮演關鍵角色的胞外泌體

　　胞外泌體最早發展於 1980 年，一直到 2013 年兩位美國及一位德國學者（圖 124）因胞外泌體研究得到諾貝爾獎生理學或醫學獎後，才使其研究蓬勃發展。因此部分發展尚稱新穎，特將其定義、結構、作用機轉（mechanism）、功效、目前研究現況與未來潛力介紹如下。

圖 124 美國籍羅斯曼（James Rothman，左圖）和謝克曼（Randy Schekman，中圖）以及德國出生的居多夫（Thomas Suedhof，右圖），因為在細胞膜囊泡運輸方面有開創性的發現而共同獲得 2013 年諾貝爾生理學或醫學獎。

胞外泌體之定義結構與種類

　　胞外泌體（extracellular vesicles, EVs）俗稱「外泌體」（exosome），係由細胞釋放出來之雙層脂質膜（lipid bilayer）。組成包含醣類、脂質、跨膜蛋白（transmembrane protein）、 胞 質 蛋 白（membrane-associated protein）、 去氧核糖核酸（deoxyribonucleic acid, DNA）和核糖核酸 （ribonucleic acid, RNA）等（Int. J. Mol. Sci. (2017) 18: 1287.）（圖 125）。這些胞外泌體宛如體內的快捷包裹，可被精準送到目標的器官和組織，以執行重要生理病理作用。細胞和細胞之間除了透過直接接觸或分泌物質傳遞訊息外，還會以胞外泌體進行溝通，因此在精準醫療、再生醫療等領域將扮演非常關鍵的角色（Holme et al., 1994; Hess et al., 1999; Cocucci et al., 2009; György et al., 2011）。

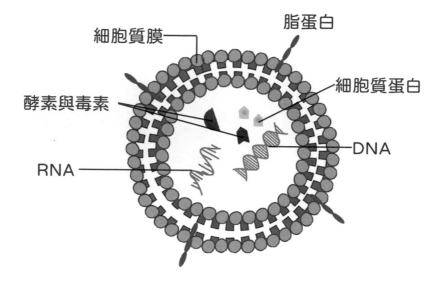

圖 125 胞外泌體係細胞釋放出來由雙層脂質膜組成，包含醣類、脂質、跨膜蛋白、胞質蛋白、去氧核糖核酸和核糖核酸等成分的結構

資料來源：Int. J. Mol. Sci. (2017) 18: 1287.

■ 胞外泌體如何傳遞訊息

　　所有胞外泌體都具有表面分子，當表面分子到達特定受體細胞並附著至受體細胞時，胞外泌體即可誘導經由受體、配體相互作用的訊號，或透過胞吞作用（endocytosis）、與巨胞飲作用（macropicocytosis）和受體細胞膜內在化（internalization）或胞移作用（transcytosis），將胞內所含之 DNA、DNA、蛋白質及脂質等傳遞到目標（受體）細胞之細胞質中，使產生交互作用。其所攜帶的訊息核糖核酸（message RNA, mRNA）及微型核糖核酸（micro ribonucleic acid，miRNA）等訊息分子則會改變特定受體細胞的基因或蛋白質的表現，進而改變受體細胞的生理狀態**（圖 126）**（Raposo and Stoorvogel, 2013; Tkach et al., 2016; Cheng and Hill, 2022; Pinheiro et. al., 2018）。

【附錄2】精準醫療、再生醫療扮演關鍵角色的胞外泌體

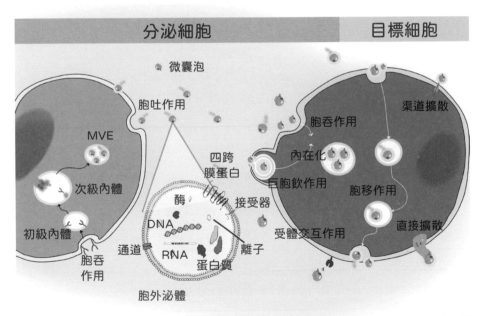

圖 126 當胞外泌體與目標細胞互動，胞外泌體會直接釋放其內含物質到細胞質或應用其他機轉使內含物進入目標細胞

資料來源：J. Control. Release (2018) 289: 56-69.

■ 胞外泌體之功能

　　由於胞外泌體可包覆各種訊息傳遞分子，經宿主細胞分泌後並可將所攜帶之訊息分子傳遞至受體細胞，故可調節受體細胞之基因表現（Ailawadi et al., 2015），在細胞之間的溝通亦扮演重要的角色。胞外泌體可抑制受體細胞中 mRNAs 的轉譯或將 mRNAs 送到受體細胞中編碼（encoding），以產生功能性蛋白質（Emanueli et al., 2015）。

　　有研究證實：癌細胞所分泌的胞外泌體會藉由血管生成及癌細胞轉移以促使腫瘤發展，其帶有免疫抑制之分子，可抑制免疫反應，包含使 T 淋巴球及自然殺手細胞失活（Hood et al., 2011）。植物細胞分泌的胞外泌體則有學者證實：生薑之胞外泌體可調節腸道功能以預防及治療腸道相關疾病，如發炎性腸道疾病（inflammatory bowel disease, IBD）和結腸癌（Zhang et al., 2016）。胞外泌體被關注的研究領域還包含用於藥物傳輸載體（Lakhal and Wood, 2011）、癌症之生物標記（Jia et al., 2017）及可作為疾病之創新療法（Lai et al., 2011）等應用。

■ 微生物之胞外泌體

　　革蘭氏陽性菌及革蘭氏陰性菌均會分泌胞外泌體。細菌分泌之胞外泌體與鄰近相同或不同菌種的細菌進行交互作用，進而影響受體細菌之功能。細菌間之交互作用包括細菌與細菌間之訊息傳遞，以調節細菌之行為，或是透過水平基因轉移（horizontal gene transfer, HGT）將遺傳物質於細菌之間傳遞，以增加遺傳之多樣性（Kim et al., 2015）。

　　已有證據顯示，微生物所分泌的胞外泌體會與腸道菌相（gut

microbiota）交互影響（Lefebvre and Lecuyer, 2017）。有些微生物胞外泌體可能對其他微生物或人體有不良影響，如革蘭氏陰性菌鮑曼不動桿菌（*Acinetobacter baumannii*）可以透過攜帶 blaOXA-24 基因的胞外泌體獲得對抗生素（antibiotics）的抗性（Rumbo et al., 2011）。金黃色葡萄球菌（*Staphylococcus aureus*）分泌之胞外泌體會刺激真皮纖維母細胞（dermal fibroblast）表現促發炎介質（proinflammatory mediators）（Hong et al., 2011）。

實驗動物之皮膚經膠布剝離（tape stripping）處理後給予 *S. aureus* 之胞外泌體可促使小鼠表皮（epidermis）增厚，並造成類異位性皮膚炎之發炎（atopic dermatitis-like skin inflammation）（Hong et al., 2014）。有文獻闡明，經次世代定序結果發現，成年人及高齡小鼠的糞便中含有較高量的 *Paenalcaligenes hominis*，給予動物 *P. hominis* 會促進認知障礙及誘導脂多醣（lipopolysaccharide, LPS）產生，導致結腸發炎，而將 *P. hominis* 分泌之胞外泌體以口服方式給予小鼠，亦會引起認知障礙及結腸發炎情形（Lee et al., 2020）。

近年來由腸道菌所產生之胞外泌體備受關注，腸道菌所分泌產生之胞外泌體攜帶有許多消化酵素及多樣的化合物，能透過免疫調控及訊息路徑等數種方式影響宿主。胞外泌體亦可改變腸道屏障（intestinal barriers）的訊息分子以影響器官功能（Cañas et al., 2016）。給予特定菌株所分泌之胞外泌體可透過調控免疫訊息路徑、宿主營養與細菌代謝物的產生（Shenderov, 2013）。

益生菌所分泌之胞外泌體則被科學人員證明其對人體有所助益。來自 *Lactiplantibacillus plantarum* 之胞外泌體具有抗菌活性（Li et al., 2017），並對小鼠具有抗類憂鬱之作用（Choi et al., 2019），此外亦有預防異位性皮膚炎之效果（Kim et al., 2018）。嗜酸乳桿菌（*Lactobacillus acidophilus*）的胞外泌體中含有高量的細菌素（bacteriocin），可抑制標靶微生物的生長（Dean et al., 2020）。來自於 *Lacticaseibacillus rhamnosus* GG 的胞外泌體則被闡述具抑制癌細胞生長之效果（Behzadi et al., 2017）。*Bifidobacterium breve* 及 *Lacticaseibacillus rhamnosus* 的胞外泌體可被腸道表皮細胞（intestinal epithelial cells, IECs）及樹突細胞（dendritic cells, DCs）所辨認，可調節腸道表皮細胞的功能及提升樹突細胞的免疫活性（van Bergenhenegouwen et al., 2014）。這些研究成果顯示：來自益生菌的胞外泌體對生物體腸道菌群組成之調節以及對宿主細胞之調節皆具潛在功能性。

　　茲將益生菌所分泌胞外泌體其在生物上之優點以及應用潛力示如圖 127。

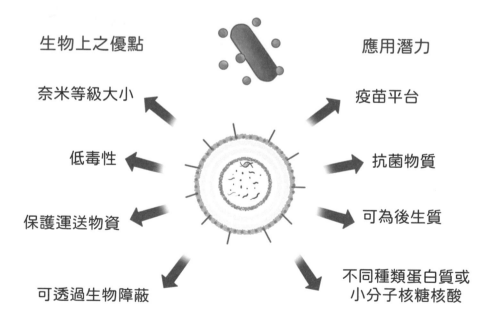

圖 127 益生菌分泌胞外泌體之優點與其應用潛力

資料來源：Domínguez Rubio et al. (2022) 13: 864720.

益生菌所分泌之胞外泌體具有之優點有：分子小（奈米等級）、低毒性、可保護運送具生理活性之 DNA 與 RNA 等物質，很重要的是因其顆粒大小為微奈米等級，故可通過生物屏障如血腦屏障（blood brain barrier, BBB），進入腦部發揮由腦部控制之生理作用，如改善腦部之多巴胺（改善憂鬱症）或海馬迴組織之類澱粉胜肽（改善阿茲海默症之學習記憶能力）等。

也由於胞外泌體以上特性，其應用潛力亦很廣泛，如在疫苗平台、抗菌作用、後生質功效以及蛋白質、核酸之應用上，均可發揮其功效。

■ 益生菌、致病菌與宿主之關聯性

圖 128 將益生菌、致病菌與宿主之關聯性做較詳細之敘述，更能讓益生菌對宿主各器官如何受到各種不同致病菌感染而引發傳染病，以及各類型益生菌如何借助胞外泌體抑制致病菌，降低傳染病之發生；或者藉由胞外泌體促使益生菌發揮功效，使宿主各器官維持最佳狀況，因而維持宿主健康。

■ 次世代益生菌胞外泌體之功效

人體腸道中的次世代益生菌所釋放的胞外泌體，已有研究人員證實其功能性。腸道脆弱類桿菌（*Bacteroides fragilis*）所分泌之胞外泌體含有免疫調節因子多醣 A（polysaccharide A, PSA），PSA 可促進細胞激素介白素 -10（interleukin-10, IL-10）之產生，並調節免疫細胞如 T 細胞以抑制腸道發炎（Ochoa-Repáraz et al., 2010）。將 *B. fragilis* 分泌之胞外泌體以口服方式給予經三硝基苯磺酸（2,4,6-trinitrobenzene sulfonic acid, TNBS）誘導結腸炎（colitis）之小鼠，*B. fragilis* 之胞外泌體

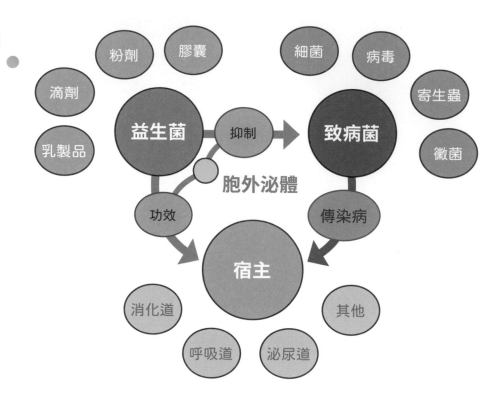

圖 128 胞外泌體如何在益生菌、致病菌與宿主之間發揮功效維持宿主健康之關聯圖

資料來源：Domínguez Rubio et al. (2022) 13: 864720.

可以預防小鼠因結腸發炎而造成之結腸長度縮短以及體重下降（Ochoa-Repáraz et al., 2010）。

　　另一腸道次世代益生菌 *Akkermansia muciniphila* 則被證實，其所釋放的胞外泌體可增加單磷酸腺苷活化蛋白質激酶（AMP-activated protein kinase, AMPK）的磷酸化以及細胞間的緊密連接（tight junction）功能，以保護腸道並避免因脂多醣誘導而導致的腸道通透性增加，並可減輕結腸的發炎情形（Kang et al., 2013）。

■ 胞外泌體與腦腸軸線之關係

我們在前言中提及腸道與各器官之聯繫與調控關係，到底腸道之益生菌所代謝生成之功效成分，如何運送到各器官如腦部、肺部、皮膚、骨骼或腎臟，以發揮保健功效，此問題常困擾著人們。自從胞外泌體被深入研究後，讓我們豁然開朗。腸道益生菌所產生之功效成分，原來是如快捷般四通八達的運送系統（胞外泌體）幫我們運送到各器官，才能使這些功效成分在各個器官發揮保健功效。此運送系統的胞外泌體大小是奈米等級，更能通過血腦障壁（blood brain barrier, BBB）達到腦部控制全身之神經精神系統。

■ 胞外泌體之研究與發展現況

2023 年 3 月 31 日，「臺灣胞外泌體產學聯盟」舉辦成立大會。根據 2023 年 3 月 31 日《環球生技》月刊之新聞稿：該聯盟是由前衛生福利部部長林奏延教授及臺灣大學沈湯龍教授發起，並由臺灣胞外泌體學會（Taiwan Society for Extracellular Vesicles, TSEV）、臺灣研發型生技新藥發展協會（Taiwan Research-based Biopharmaceutical Manufacturers Association, TRPMA）及臺灣精準醫療產業協會（Taiwan Joint Commission of Precision Medicine, TJCPM）共同推動成立。「臺灣胞外泌體產學聯盟」的成立，將倡議政府重視並鼓勵胞外泌體研發，促進學界及產業界對接，以加速國際發展。

「臺灣胞外泌體產學聯盟」召集人、前衛生福利部部長林奏延教授表示：聯盟的成立後，也制定任務，包括：(1) 倡議政府重視並鼓勵胞外泌體研發；(2) 制定生產製造前瞻法規；(3) 盤點臺灣學界及產業界的研發量能，以讓學界的量能對接產業；(4)

形成正向的循環，推動國際交流及法規調和（harmonization）。

目前臺灣研究領域涵蓋新藥、再生製劑、載體、檢測試劑、醫材、委託開發暨製造服務（Contract Development and Manufacturing Organization, CDMO）、及化妝品和保養品。

世界上針對胞外泌體發展最早的公司為 2015 年衍生自安德生癌症中心（MD Anderson Cancer Center）的 Codiak Biosciences 公司、2016 年成立的英國胞外泌體公司 Evox Therapeutics 公司以及 2017 年韓國成立的 ExoCoBio 公司等。臺灣近幾年也有許多細胞治療公司擴展至胞外泌體研究，發展方向多元，顯示胞外泌體已是臺灣生技發展重視的領域。

不過 Codiak Biosciences 公司宣布破產，引起生技醫藥界的震驚，Codiak Biosciences 公司主要是以腫瘤學、感染性疾病或罕見疾病作為潛在適應症目標，尚未有實質收益的產品來支持研發與臨床試驗。

但相較於 Codiak Biosciences 公司，韓國的 ExoCoBio 公司則是從醫美切入，推出一系列以胞外泌體為基底的美容產品與創新美容療法，擁有收益後，還建立了亞洲最大的可從幹細胞中提取出高純度胞外泌體的臨床級 GMP 廠，2023 年 3 月該 GMP 廠已取得韓國食品藥品安全部（Ministry of Food and Drug Safety, MFDS）頒發的「先進生物製藥製造證書」。韓國 ExoCoBio 的商業模式與韓國政府的支持，是臺灣胞外泌體產業發展值得借鏡的範例。

臺灣的晨暉生技公司已與成功大學簽約，從事由益生菌 SWP-CGPA01 分泌的胞外泌體應用在院內感染常見的艱難梭菌（*Clostridioides difficile*，簡寫為 CD）及阿茲海默症之防治研究，對分泌 EVs 之特性及阿茲海默症之防治研究已完成探討，此刻正進行 CD 防治研究相關之動物試驗中。

探討微生物與健康關係：
各國啟動腸道微生物健康
研究計畫

　　由於微生物近十多年的快速發展，人體微生物體學應是精準醫療的下一個重點。一般以將人體微生物體稱為人體的第二套基因組，所以腸道微生物被認為與各器官關係密切。

　　人們一出生，微生物就開始在我們人體腸道中定殖。因為日常接觸的食物或空氣都存在有大量微生物，所以我們的皮膚、口腔、腸道諸多部位勢必也存在著大量的微生物。約有 100 萬億（即千兆）個微生物存在於人們體內，這些存在人體內的微生物，大部分（約占人體微生物總重量的 80% 以上）都分布在腸道中。這些存在於腸道的微生物大多是有益的：其可幫助人體分解複雜的大分子化合物，使其生成人體可利用的小分子，如胺基酸與維生素。由以上之敘述，我們可以理解腸道微生物的種類和數量將嚴重影響身體健康，甚至對人的生命有非常深切的影響。

　　由於腸道菌群非常重要，世界各國均對腸道微生物體進行了多種相關研究。下面讓我們看看國際上已經啟動了的重大微生物體計畫。

美國國家微生物體計畫（NMI）

　　美國白宮科學和技術政策辦公室（Office of Science and Technology Policy, OSTP）與聯邦機構、私營基金管理機構於 2016 年 5 月 13 日共同宣布啟動「國家微生物體計畫」（National Microbiome Initiative，簡稱 NMI）。此「國家微生物體計畫」是歐巴馬政府繼腦計畫、精準醫學、抗癌等專案之後推出的另一個重大國家科研計畫。

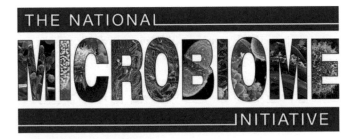

　　國家微生物體計畫所重視的項目有：(1) 支持跨領域的研究，以解決不同生態系統微生物的基本問題；(2) 開發技術平台，認識不同生態系統中的微生物體以累積相關知識，並累積微生物數據；(3) 經由公民、公眾參與科學活動，擴增微生物的影響力。

　　國家微生物體研究計畫之陣容非常強大，各參與機構所資助之研究內容示如表 28。國家微生物體研究計畫參與的單位有美國能源部、國家航空太空總署、國家衛生研究院、國家科學基金會、農業部等，各個參與單位都公布了該單位相對應的研究方向。這麼多的部門共同展開對環境微生物的研究，而構成了 NMI 的研究系統。以往美國政府每年都會投入 3 億美元經費在微生物體的研究上，而 NMI 計畫的啟動，將會使這一領域的經費增加 1.21 億美元。

表 28 美國國家微生物體計畫參與機構與資助研究內容

機構	資助研究
美國能源部（Department of Energy）	資助微生物體的跨領域合作研究。
美國國家航空暨太空總署（National Aeronautics and Space Administration, NASA）	資助涵蓋地球生態系及太空微生物體之多年期研究計畫。
美國國家衛生研究院（National Institute of Health, NIH）	著重資助多生態系統比較之研究以及微生物體研究的新技術開發。
美國國家科學基金會（National Science Foundation）	資金投入橫跨生態系、物種，以及生物尺度上的微生物體研究。
美國農業部（Department of Agriculture）	提升微生物體及人體微生物體研究的數據運算能力。影響食物供應系統的植物、家畜、魚、土壤、空氣及水的微生物體研究。
比爾及梅琳達·蓋茲基金會（Bill and Melinda Gates Foundation）	投資人類與農業微生物體研究工具的開發。
The Leading Global Organization Funding Type 1 Diabetes（T1D）Research, JDRF	投資與第一型糖尿病相關的微生物體研究。
加州大學聖地牙哥分校（University of California, San Diego）	投資「The Center for Microbiome Innovation」，使科技開發者能與末端使用者連結。
One Codex	建構微生物體數據的開放平台，使研究者、臨床醫生及其他健康工作者更容易進行數據存取。
The BioCollective LLC 與 The Health Ministries Network	建構微生物體數據及樣本庫，鼓勵代表性不足之群體的微生物體研究。
密西根大學（University of Michigan）	提供機會使大學生能有微生物體相關研究的經驗。

【附錄3】探討微生物與健康關係：各國啟動腸道微生物健康研究計畫

─── 參考資料 ───

• The White House Office of Science and Technology Policy, United States（2016）FACT SHEET: announcing the National Microbiome Initiative. Retrieved July 17, 2016, from https://www.whitehouse.gov/sites/

whitehouse.gov/files/documents/OSTP National Microbiome Initiative Fact Sheet.pdf.

- Johnson-King, B., and Terry, S. F. (2016) Future of Microbiomes through the National Microbiome Initiative. Genet. Test. Mol. Biomarkers. 20（10）, 561-562.

歐盟 MetaHIT 計畫（人體腸道總基因體學研究計畫）

由歐盟科研究架構計畫（European Union Framework Programme）第七期（EP 7）資助的子項目：人體腸道宏基因組計畫（METAgenomics of the Human Intestinal Tract, MetaHIT）結合了歐洲 8 個國家學術界和工業界共 15 個單位。MetaHIT 計畫中 200 多個歐洲人腸道微生物樣品的測序及後續生物信息分析工作，係由深圳華大基因研究院承擔。

該計畫的目的是針對人類腸道中的所有微生物群落進行研究，目的是了解人類腸道細菌的物種之分布，以瞭解腸道微生物與人的肥胖、腸炎等疾病的關係。

執行期間為 2008 年 1 月 1 日至 2012 年 6 月 30 日，累計花費 21,355,988.85 歐元，其中 11,400,000 歐元由歐盟資助。

MetaHIT 計畫的目的是建立人體腸道微生物基因與健康及疾病之間的關聯。尤其關注影響歐洲日益嚴重的兩大問題：發炎性腸道疾病（Inflammatory Bowel Disease, IBD）與肥胖（obesity）。為了達成此目的，MetaHIT 收集病人組與健康組的糞便樣品進行定序鑑定，建立人體腸微生物基因與基因體的資料庫；並開發生物資訊分析工具，用以儲存、組織與解釋收集所得之數據，從而建立腸道微生物相與健康、疾病之間的關聯，探究參與宿主與微生物交互作用之基因（Ehrlich & The MetaHIT Consortium, 2011）。

MetaHIT 的第一個重量級階段性成果於 2010 年搶在 HMP 團隊之前於《自然》期刊（Nature）發表。該研究完成 124 個歐洲人糞便的基因定序，鑑別出 330 萬個基因，證實腸道微生物的基因數為人體的 150 倍以上（Qin et al., 2010）；經由腸道微生物基因資料庫數據的比較分析，MetaHIT 團隊首度提出腸型的概念，依據人體腸道微生物體成區分成三種腸型（Arumugam et al., 2011）。2014 年更進一步整合包含過去發表的 1018 個來自三大洲人體腸道微生物的樣本，以及新定序的 249 的新樣本之定序結果，建構出包含 988 萬個基因的人體腸道微生物基因資料庫；並藉由生物資訊學的分析，比較出潰瘍性結腸炎患者、肥胖患者及健康者的腸道微生物菌種組成的差異（Li et al., 2014）。

參考資料

- Arumugam, M., Raes, J., Pelletier, E., Paslier, D. le., Yamada, T., Mende, D. R., Fernandes, G. R., Tap, J., Bruls, T., Batto, J. M., Bertalan, M., Borruel, N., Casellas, F., Fernandez, L., Gautier, L., Hansen, T., Hattori, M., Hayashi, T., Kleerebezem, M., Zeller, G.（2011）. Enterotypes of the human gut microbiome. Nature, 473（7346）, 147–180. https://doi.org/10.1038/nature09944.

【附錄3】探討微生物與健康關係：各國啟動腸道微生物健康研究計畫

- Ehrlich, S. D., & The MetaHIT Consortium. (2011) . MetaHIT: The European Union project on metagenomics of the human intestinal tract. In K. E. Nelson（Ed.）, Metagenomics of the Human Body（pp. 301–316）. Springer. https://doi.org/10.1007/978-1-4419-7089-3_15.

- Li, J., Jia, H., Cai, X., Zhong, H., Feng, Q., Sunagawa, S., Arumugam, M., Kultima, J. R., Prifti, E., Nielsen, T., Juncker, A. S., Manichanh, C., Chen, B., Zhang, W., Levenez, F., Wang, J., Xu, X., Xiao, L., Liang, S., Mende, D. R. (2014) . An integrated catalog of reference genes in the human gut microbiome. Nature Biotechnology, 32（8）. https://doi.org/10.1038/nbt.2942.

- Qin, J., Li, R., Raes, J., Arumugam, M., Burgdorf, K. S., Manichanh, C., Nielsen, T., Pons, N., Levenez, F., Yamada, T., Mende, D. R., Li, J., Xu, J., Li, S., Li, D., Cao, J., Wang, B., Liang, H., Zheng, H., Zoetendal, E. (2010) . A human gut microbial gene catalogue established by metagenomic sequencing. Nature, 464（7285）, 59–65. https://doi.org/10.1038/nature08821.

法國 MetaGenoPolis（MGP）計畫

由 French Initiative Future Investments 投資的示範性計畫：MetaGenoPolis（MGP），其目的是經由定量與功能總體基因組學技術來建立人類腸道微生物對健康和疾病的影響。人體微生物體的特點可用來研究人類群種、基因分型、疾病、年齡、營養、醫療之環境。可由此修飾腸道菌相，從而為人類健康服務。

MGP 為了實現以上目標，成立了一個卓越的人類腸道總體基因組中心，集腸道菌醫療、科研和生產於一體。

MGP 隸屬法國國家農業食品與環境研究所（INRAE），接受法國未來投資計畫（Program des

Investissements d'Avenir, PIA）資助。主要負責腸道微生物體相關研究，探討人體與動物的腸道微生物體對健康與營養之影響。MGP 提供端到端的微生物體分析服務，包括：DNA 萃取、資料庫製備、散彈槍法定序（shotgun sequencing）、定量和功能總體基因體學、大數據儲存和電腦設施、生物資訊學、統計分析和數據解釋等。此外 MGP 也著手開發更多的業界合作夥伴及創建新創企業，以加速發展微生物體科學及健康與營養領域的創新。

　　MGP 為法國人腸道菌計畫（The French Gut）計畫執行的核心單位，目標創建一個包含 10 萬名法國人腸道微生物體的資料庫，以便深入瞭解法國人腸道微生物體的異質性，分析環境、生活型態、慢性疾病等與腸道微生物體之間的關係。法國人腸道菌計畫現屬於 Million Microbiome of Humans Project（MMHP）的一部分，MMHP 目標完成 100 萬個微生物體樣本分析，建立世界最大的微生物體資料庫。MGP 為該計畫之創始成員。

──────────── 參考資料 ────────────

● MGP 官方網站：http://mgps.eu/projects/

美國和歐盟啟動的 HMP 計畫

　　美國國家衛生研究院（National Institutes of Health, NIH）資助的人體微生物體計畫（The Human Microbiome Project, HMP）係針對人體 5 個部位（胃腸道、口腔、鼻腔、女性生殖道和皮膚）進行研究。人體微生物體計畫被判定為國家衛生研究院醫學研究路線圖（NIH Roadmap for Biomedical Research）的重要組成部分。

HMP 計畫正式啟動於 2007 年 12 月 19 日，5 年期間內共花費 1.5 億美元，該計畫完成了 900 個人體微生物參考基因組測序。該計畫的目標是：(1) 探索研究人類微生物體的可行性；(2) 研究人類微生物體變化與疾病健康的關係；(3) 為其他科學研究提供信息和技術支持。

HMP 計畫從 2008 年開始進行，於 2016 年結束。此期間分為 2 個階段：

(1) 第一階段 （2008~2012）：針對人體腸道、口腔、皮膚、生殖道內的微生物進行研究，目的是識別健康與異常的人體之微生物相的差異，以總基因體組學（Metagenomics）方法，直接抽取微生物 DNA 利用次世代定序技術（next generation sequencing, NGS），建立了龐大的人類微生物 DNA 序列資料庫。獲得結果：發現個體間的微生物相組成有相當大的差異，以腸道為例，其中之微生物依照其主要組成可分為 3 個種類：分別是類桿菌（*Bacteroides*）、普雷沃氏菌（*Prevotella*）與瘤胃球菌（*Ruminococcus*）。此 3 種腸道微生物系統均以獨特方式使各種酵素處於平衡狀態，然而其成因與族群、性別、體重、健康或年齡等均無關聯。

由 HMP 第一階段研究結果發現：僅依照分類來確認微生物對人體健康與疾病影響的解釋尚有不足。但研究結果也發現來自健康個體的微生物竟然有著相似的代謝路徑，且透過微生物間的基因轉移功能的獲得（gain-of-function）與功能之失去（lost-of-function），致使微生物體的某些蛋白質與代謝物和特定疾病有關，這或許意味著，能透過代謝路徑的研究，找出人類健康

與疾病間的一些關聯。

（2）第二階段 iHMP (2013~2016) 的研究乃朝三大面向進行微生物體與人體間相關研究：(a) 包含健康的以及傾向早產的孕婦、發炎性腸炎（inflammatory bowel disease）為主的腸道疾病患者、病毒性呼吸道感染患者；(b) 研究第二型糖尿病患者，並透過微生物群落組成、病毒、代謝體、基因表現、宿主遺傳與特異性、表觀基因體、細胞因子、蛋白質體等研究宿主——微生物間交互作用關係。部分的研究成果發表於 2019 年 5 月 30 日出版的《自然》（Nature）雜誌。

在孕婦陰道微生物對早產風險的影響，研究團隊研究 1,527 名孕婦整個孕期，其中從 45 名自發性早產及 90 名足月產的女性中，透過 16S rRNA、總基因體組學（metagenomic）、總轉錄組學（metatranscriptomic）和細胞因子的分析，研究與早產風險相關的陰道微生物體變化，發現早產孕婦生殖道中的捲曲乳桿菌（*Lactobacillus crispatus*）低於足月產的孕婦，並且在整個妊娠期間，早產孕婦的生殖道微生物菌群多樣性逐漸降低，並且發現菌相失衡導致微生物產生的短鏈脂肪酸具有促進發炎的效果，以上原因可能導致早產的發生。由於全球每年有 1,500 萬早產兒，早產發生率超過 10%，未來希望能藉由群體特異性微生物、代謝、免疫標誌物達成早產風險的評估，以減少新生兒死亡的機率。

在發炎性腸道疾病腸道微生態的研究中，共招募了 132 名受試者，根據內視鏡和組織病理檢測將未診斷為發炎性腸炎的個體作為對照組，分析糞便微生物菌相；活組織切片、還原表徵亞硫酸氫鹽定序和 DNA 甲基化；血液樣品則用於人類外顯子定序、血清學研究以及 RRBS（限制性內切酶——重亞硫酸鹽靶向測序，

Reduced Representation Bisulfite Sequencing）分析。研究發現較健康患者個體代謝產物多樣性與微生物多樣性都較低，菌群移位狀態與絕對厭氧菌相對減少、兼性厭氧菌的過度生長等菌相失調的狀況有關。

在長期追蹤糖尿病前期的宿主和菌群特徵的研究中，研究團隊藉由多體學做系統性探索前期糖尿病發病機制與代謝生理差異，共追蹤 106 名健康與前期糖尿病患者 4 年間健康或生病狀態下的血液、糞便樣本和鼻咽拭子樣本，進行外顯子定序、轉錄體、代謝體、蛋白質體、細胞因子及生長因子檢測與分析。結果顯示：健康個體和前驅糖尿病（prediabetes）個體在菌群變化、免疫反應、新陳代謝等方面存在差異。例如胰島素抵抗（insulin-resistance）個體對呼吸道病毒感染的免疫反應相對滯後。此外還發現數百個與第二型糖尿病發病相關的分子，例如白介素 -1 受體激動劑（IL-1RA）和高敏感 C 反應蛋白（HSCRP）等，此研究透過健康與疾病期間多體學追蹤，近一步研究健康、前期糖尿病、二型糖尿病狀態間的分子狀態與機制的改變，以期能早期診斷糖尿病的個體化疾病分子特徵變化。

──────── 參考資料 ────────

- Integrative HMP（iHMP）Research Network Consortium. "The Integrative Human Microbiome Project: dynamic analysis of microbiome-host omics profiles during periods of human health and disease." Cell Host & Microbe vol. 16,3 (2014) : 276-289. doi:10.1016/j.chom.2014.08.014.

- Integrative, H. M. P., et al. "The integrative human microbiome project." Nature 569.7758 (2019) : 641-648.

- Proctor, Lita. "Priorities for the next 10 years of human microbiome research." Nature vol. 569,7758 (2019) : 623-625. doi:10.1038/d41586-019-01654-0.

- Robles-Alonso, Virginia and Francisco Guarner. "From basic to applied research: lessons from the human microbiome projects." Journal of Clinical Gastroenterology 48 Suppl 1 (2014) : S3-4 .

美國醫院微生物體（Hospital Microbiome）計畫

在美國執行的醫院微生物體計畫（Hospital Microbiome）在美國芝加哥的一家私人醫院和德國的美國陸軍醫療中心進行，研究針對美國兩家醫院的外表面、空氣、水和人體相關微生物群落予以分類，進一步對病人與醫院工作人員由於進出醫院所引起微生物菌落改變加以分析研究。醫院微生物體計畫具體目的乃希望確定包括人際接觸空間、建築物材料空間的群落交替，以及潛在的病原菌定殖率，到底對人群特徵的影響是如何。

醫院微生物體計畫由 2012 年開始，在芝加哥大學附屬醫院開幕前的 2 個月，到開幕後 1 年的這個期間，從醫院院館的表面、空氣、工作人員和患者收集微生物樣本，以瞭解影響醫療環境中細菌種群發展的因素。其中項目重點是了解在醫院內感染傳

This study aims to collect microbial samples from surfaces, air, staff, and patients from the University of Chicago's new hospital pavilion in order to better understand the factors that influence bacterial population development in healthcare environments.

播的微生物和病毒。而計畫的主持人是來自美國能源部阿貢國家實驗室（Argonne National Laboratory）的 Jack Gilbert 博士。

在醫院微生物體計畫中以識別微生物群落的先進 DNA 定序技術，測量多個病房的各種室內環境條件、人員入住率和操作特徵，在計畫內統稱為「建築科學測量」或「建築環境數據」，團隊在一年內測量包括病房和護理站的環境條件（室內溫度、相對濕度、濕度比和照度）、病房和走廊之間的氣壓差、室內 CO_2 濃度和門口紅外線光束計數器對病房中的人員佔用和活動進行替代測量。研究還使用安裝在房間回風格柵上的空氣調節系統（Heating, Ventilation, Air-conditioning and Cooling, HVAC）過濾介質薄片，對空氣中的微生物進行被動採樣。

而研究結果發現：在醫院開幕後，環境微生物群馬上發生了變化，*Acinetobacter* spp. 和 *Pseudomonas* spp. 的數量及豐富度開始降低，被皮膚菌群取代，如 *Staphylococcus* spp.、*Corynebacterium* spp. 及 *Streptococcus* spp.，證實環境微生物會快速的被人體微生物取代。另一方面，醫院環境微生物會受到天氣影響。較高的溫度導致患者和病房表面微生物群落之間的差異更大；而較高的濕度則會使環境微生物的相似性提升。在工作人員的身上，夏末與秋初微生物群落的相似性更大，但冬季月份的相似性最小。

在此計畫內另一大主軸是對細菌耐藥性的理解。研究討論醫院微生物在疾病傳播中的各個面向，並建立細菌耐藥基因的資料庫，在此計畫內討論了方法、假設和優先事項。儘管建築中的環境微生物在疾病傳播中的重要性並未得到普遍接受，但在微生物學的快速發展下也逐步顯示與醫院環境微生物相關的研究也將在短期內看到初步的論述。計畫內也提出未來需要各種面向的共同研究與重

新組合不同的力量來解決國際間對細菌耐藥性以及醫院內感染的問題。最後，研究人員也探討抗生素對患者微生物群落的影響。結果發現：儘管患者皮膚和鼻子上的微生物群的數量在他們接受抗生素治療時會隨著時間的延長而下降（並在停用抗生素後再次增加），但治療前後微生物群落的多樣性並沒有太大的變化。

─────────────── 參考資料 ───────────────

● Ramos, Tiffanie. Building science measurements for the hospital microbiome project. Diss. Illinois Institute of Technology, 2014.

● Westwood, Jack, et al. "The hospital microbiome project: meeting report for the UK science and innovation network UK-USA workshop beating the superbugs: hospital microbiome studies for tackling antimicrobial resistance, October 14th 2013." (2014) : 1-12.

美國家庭微生物體（Home Microbiome）計畫

由阿貢國家實驗室負責人 Jack Gilbert、博士後研究員 Daniel Smith 和技術人員 Jarrad Hampton-Marcell 領導的家庭微生物體（Home Microbiome）計畫，經費係由 Alfred P. Sloan Foundation 資助。這項研究與 MicroBE.net 合作，由 Earth Microbiome Project 提供微生物樣本，將此些樣本進行分析，以便盡可能瞭解環境因素對微生物群落的影響。

家庭微生物體計畫與醫院微生物體計畫都是由來自阿貢國家實驗室的 Jack Gilbert 博士為計畫主持人，該計畫主要探討生活起居中的微生物於人體間的相互關係，以及探討人類在改變環境中微生物體的速度，計畫由 2012 開始至 2020 年結束，研究人員對 7

個家庭進行了持續 6 周的追蹤，包括 18 名人類，3 隻狗和 1 隻貓。參與者每天用拭紙提供手、腳、鼻子以及住所表面的微生物樣本（包括門把手、燈開關、地板和工作空間），隨後研究人員檢測了這些樣本微生物菌相。

研究人員對人類住所的微生物進行非常仔細地的分析，結果發現：住在該住所的人類對住所內微生物群體影響很大。研究發現：當 3 個家庭搬家時，新房子裡的微生物群體都幾乎在搬家 1 天後就和舊房子的群體差不多了。此外人與人間的身體接觸也很重要，研究發現：已婚夫婦與他們的子女共用最多的微生物群體。研究也顯示：在同一個家庭內，存在於手部的微生物相似性最高，而鼻子上的微生物群體差異較大。此外，一個家庭是否飼養寵物亦會造成微生物群體的改變。在飼養寵物的家庭中，會有較多的來自植物和土壤的微生物。

由於居住人類對住所內微生物群體影響很大，計畫主持人 Gilbert 也指出，家庭微生物體研究甚至能夠成為一種司法鑑定的工具。研究人員在這項研究中發現，能夠根據地板微生物樣本，輕鬆判斷出它來自哪一個家庭，且當一個人離開住所之後，家裡的微生物群體在一天左右就會發生顯著的變化。Gilbert 也由以上結果做出「從理論上看，我們可以根據微生物樣本相當精確地判斷一個人是否住在某處，以及住了多久」的結論。

───────── 參考資料 ─────────

• https://homemicrobiome.com/the-home-microbiome-study/

- Lax, Simon et al. "Longitudinal analysis of microbial interaction between humans and the indoor environment." Science (New York, N.Y.) vol. 345,6200 (2014):1048-1052. doi:10.1126/science.1254529

歐盟 MyNewGut 計畫

　　MyNewGut 計畫是由歐盟推動的一項 5 年大型合作計畫，做為歐盟資助的一系列微生物體學研究計畫之一，該計畫的研究主軸是探明腸道微生物體在人體代謝、大腦的功能、肥胖與行為等面向上所扮演的角色，腦腸軸線（Gut-Brain axis）與肝腸軸線（Gut-Liver axis）同時也是這項計畫的研究重點。除了歐盟地區各國的學術單位參與，其他非歐盟地區的學術單位及產業界也加入這項合作計畫，實現了跨領域與跨部門的合作，結合來自微生物學、營養學、生理學、免疫學、神經科學、組學、系統生物學、運算模擬及食品工業的專家一同投入研究。

　　整個計畫在 2018 年完成其階段性任務，計畫的結果闡明了腸道微生物體與飲食如何影響代謝與行為，次世代益生菌（next generation probiotic）在腸道生態系統中互動，也分析了嬰兒時期早期微生物體發展在免疫系統和大腦發育的作用。這項計畫的研究成果同時也支持了公共政策的制定與修訂未來營養攝取的建議，並為未來次世代益生菌及健康食品的進一步研究提供了指引。

―――――――― 參考資料 ――――――――

- MyNewGut Project website（http://www.mynewgut.eu/home）
- Yolanda Sanz. (2018) Microbiome influence on energy balance and brain

development/function put into action to tackle diet-related diseases and behavior. Presented at the MyNewGut final conference, Stanhope Hotel, Brussels.

美國人腸道菌計畫（American Gut Project）

美國人腸道菌計畫（American Gut Project, AGP）由美國加州大學聖地牙哥分校醫學院（UC San Diego School of Medicine）的 Rob Knight 博士發起，另外還有附屬的英國人腸道菌計畫（British Gut Project）。Rob Knight 博士同時也是 Earth Microbiome Project（EMP）參與者之一。腸道菌計畫是基於公民科學（citizen science）的精神，召募民眾贊助並提供糞便檢體的方式進行。AGP 與 EMP 最大的不同是這個計畫更專注於微生物與宿主之間的關聯與數據分析。

這兩項計畫提供參與者採集器具，並以郵寄的方式回收。根據 2018 年該計畫發表的研究期刊，截至 2017 年 5 月，兩項計畫合計蒐集了來自 11,336 位參與者的 15,096 個樣品，透過次世代定序技術分析樣品中 16S rRNA V4 基因片段，同時以液相層析質譜儀（LC-MS）分析樣品中的代謝體（metabolome），在不同區域人群的層級上提供了豐富的微生物相與代謝體多樣性特徵。研究團隊期許這兩項計畫能夠為其他菌相分析計畫提供一個召募參與者並蒐集樣品的參考模式，得以借助公民科學的力量而了解我們身體周遭及內部的世界。

Rob Knight 博士在美國人腸道菌計畫的基礎上創立了 Microsetta 倡議組織（The Microsetta Initivative），該組織旨在強化國際微生物樣品的蒐集，並持續推動其他國家的腸道菌

計畫，例如墨西哥人腸道菌計畫（Mexican Gut Project），將這些蒐集樣品與微生物科學教育推廣相結合。

―――――― 參考資料 ――――――

- 美國人腸道計畫 揭開上萬樣本腸道菌組成（https://geneonline.news/american-gut-consortium/）
- 微生物與腸道菌系列（二）：American Gut Project 大解密 -- 專訪 Rob Knight 實驗室（https://geneonline.news/american-gut-project-embriette-hyde/）
- The Microsetta Initivative website（https://microsetta.ucsd.edu/）
- McDonald, D., Hyde, E., Debelius, J. W., Morton, J. T., Gonzalez, A., Ackermann, G., Aksenov, A. A., Wolfe, E., Zhu, Q., Knight, Rob. (2018) American Gut: an Open Platform for Citizen Science Microbiome Research. mSystems, 3(3) , https://doi.org/10.1128/mSystems.00031-18

跨國 Million Microbiomes from Humans 計畫（MMHP）

該計畫是在 2019 年的國際基因組學大會（International Conference on Genomics）由瑞典 Lars Engstrand 教授與中國 Guang Ning 教授領銜，與來自中國、瑞典、丹麥、法國及拉脫維亞的科學家所共同推動的大型微生物總體基因組計畫。

MMHP 採用華大基因定序平台，由華大基因提供高通量定序系統及數據運算處理，分析各國參與單位提供的樣品。MMHP

【附錄3】

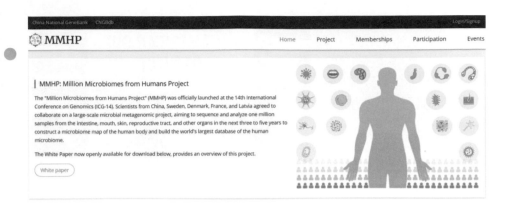

鑒於目前世界上在跨國規模，不同性別年齡與疾病之間的關係研究仍然有限，計畫目標在 3 至 5 年的時間內蒐集、定序並分析 100 萬個來自於人體的樣品，包含腸道、口腔、皮膚、生殖道或其他器官的樣品，期盼能建立人體微生物圖譜，建構全球最大的人體微生物數據庫。MMHP 初期由創始的中國、瑞典、丹麥及拉脫維亞的參與成員發布 1 萬個總體基因組的定序數據以啟動該計畫。目前計畫仍在進行中，MMHP 仍鼓勵有意加入的單位遞交申請，也期待透過將樣品擴增至百萬，成為繼 MetaHIT 之後國際微生物合作的新里程碑。

─────── 參考資料 ───────

- Million Microbiomes from Humans Project website（https://db.cngb.org/mmhp/）
- The Million Microbiome of Humans Project（MMHP）officially launched to build the world's largest human microbiome database（https://en.mgi-tech.com/News/info/id/96）

台灣腸道公民科學計畫（Taiwan Gut Project）

　　台灣腸道公民科學計畫是長庚大學微生物相研究中心與圖爾思生物科技公司合作推出的一項計畫，執行團隊有感於美國人腸道菌計畫模式的成功，希望在臺灣推動一個在地的腸道菌計畫，透過民眾贊助並提供糞便檢體的方式參與計畫，由研究團隊分析檢體中微生物菌相的組成並提出個人分析報告，以期深入了解在地人群腸道微生物的結構與組成。

　　個人分析報告內容包含菌相組成、可能的疾病風險及給予飲食營養的改善建議，讓贊助者了解自己腸道菌相分析結果的同時，也能藉此建立起臺灣群眾獨有的腸道菌相資料庫，期盼能加速台灣相關研究的進程。

———————————— 參考資料 ————————————

- 台灣腸道公民科學計畫官方網站（https://taiwangut.com/）
- Taiwan Gut Project - 台灣腸道公民科學計畫（http://www.tpms.org.tw/Echoes_detail.php?ID=6）

【附錄4】

益生菌相關研究報告

1. Tzu-Ming Pan, Chiu-Hsia Chiu, and Yuan-Kuang Guu. Characterization of *Lactobacillus* isolates from pickled vegetables for use as dietary or pickle adjuncts. Food & Food Ingred. Japan (2002) 206: 45-51. (SCI)

2. Fu-Mei Lin, Chiu-Hsia Chiu, and Tzu-Ming Pan. Fermentation of milk-soymilk and *Lycium chinense* Miller mixture using a new isolate of *Lactobacillus paracasei* subsp. *paracasei* NTU 101 and *Bifidobacterium longum*. J Ind Microb Biotech. (2004) 31: 559-564. (SCI)

3. Li-Han Chu, Tsung-Yu Tsai, and Tzu-Ming Pan. Study on the water extract of anamorph of *Cordyceps sinensis* fermented by *Lactobacillus paracasei* subsp. *paracasei* NTU 101 isolated from Taiwan. J Biomass Energy Soc. (2005) 24: 124-130. (in Chinese)

4. Chiu-Hsia Chiu, Tzu-Yu Lu, Yun-Yu Tseng, and Tzu-Ming Pan. The effects of *Lactobacillus*-fermented milk on lipid metabolism in hamsters fed high-cholesterol diet. Appl. Microb. & Biotech. (2006) 71: 238-245. (SCI)

5. Chiu-Hsia Chiu; Yuan-Kuang Guu; Chun-Hung Liu; Tzu-Ming Pan; Winton Cheng. Immune responses and gene expression in white shrimp, *Litopenaeus vannamei*, induced by *Lactobacillus plantarum*. Fish and Shellfish Immu. (2007) 23: 364-377. (SCI)

6. Yueh-Ting Tsai, Po-Ching Cheng, Chia-Kwung Fan and Tzu-Ming Pan. Time-dependent persistence of enhanced immune response by a potential probiotic strain *Lactobacillus paracasei* subsp. *paracasei* NTU 101. Int. J. Food Microb. (2008) 128: 219-225. (SCI)

7. Ting-Wei Ku, Ruei-Lan Tsai and Tzu-Ming Pan. A simple and cost-saving approach to optimize the production of subtilisin NAT by submerged cultivation of *Bacillus subtilis* natto. J Agric. Food Chem. (2009) 57: 292-296. (SCI)

8. Tsung-Yu Tsai, Li-Han Chu, Chun-Lin Lee and Tzu-Ming Pan. Atherosclerosis-preventing activity of lactic acid bacteria-fermented milk – soymilk supplemented with *Momordica charantia*. J Agri Food Chem. (2009) 57: 2065-2071. (SCI) 198

9. Chin-Feng Liu, Chun-Ling Hu, Shen-Shih Chiang, Kuo-Chuan Tseng, Roch-Chui Yu and Tzu-Ming Pan. Beneficial preventive effects of gastric mucosal lesion for soy – skim milk fermented by lactic acid bacteria. J Agri Food Chem. (2009) 57: 4433-4438. (SCI)

10. Chin-Feng Liu and Tzu-Ming Pan. *In vitro* effects of lactic acid bacteria on cancer cell viability and antioxidant activity. J. Food and Drug Analysis (2010) 18: 77-85. (SCI)

11. Yueh-Ting Tsai, Po-Ching Cheng, Jiunn-Wang Liao and Tzu-Ming Pan. Effect of the administration of *Lactobacillus paracasei* subsp. *paracasei* NTU 101 on Peyer's patch-mediated mucosal immunity. Intern. Immun. (2010) 10: 791-798. (SCI)

12. Kai-Chien Lee, Chin-Feng Liu, Tzu-Hsing Lin and Tzu-Ming Pan. Safety and risk assessment of the genetically modified *Lactococci* on rats intestinal bacterial flora. Int. J. Food Microb. (2010) 142: 164-169. (SCI)

13. Chin-Feng Liu and Tzu-Ming Pan. Recombinant expression of bioactive peptide lunasin in *Escherichia coli*. Appl. Microb. & Biotech. (2010) 88: 177-186. (SCI)

14. Yueh-Ting Tsai, Po-Ching Cheng, and Tzu-Ming Pan. Immunomodulating activity of *Lactobacillus paracasei* subsp. *paracasei* NTU 101 in enterohemorrhagic *Escherichia coli* O157:H7-

infected mice. J Agri Food Chem. (2010) 58: 11265-11272. (SCI)

15. Ming-Hsiu Wu, Tzu-Ming Pan, Yu-Jen Wu, Sue-Joan Chang, Ming-Song Chang, Chun-Yi Hu. Exopolysaccharide activities from probiotic bifidobacterium: immunomodulatory effects (on J774A.1 macrophages) and antimicrobial properties. Int. J. Food Microb. (2010) 144: 104-110. (SCI)

16. Shen-Shih Chiang, Chih-Feng Liu, Ting-Wei Ku, Jeng-Leun Mau, Hsin-Tang Lin and Tzu-Ming Pan. Use of murine models to detect the allergenicity of genetically modified *Lactococcus lactis* NZ9000/pNZPNK. J Agri Food Chem. (2011) 59: 3876-3883. (SCI)

17. Chin Feng Liu, Yi Ting Tung, Cheng Lun Wu, Bao-Hong Lee, Wei-Hsuan Hsu, and Tzu Ming Pan. Antihypertensive effects of *Lactobacillus*-fermented milk orally administered to spontaneously hypertensive rats. J Agri Food Chem. (2011) 59: 4537-4543. (SCI)

18. Shen-Shih Chiang and Tzu-Ming Pan. Antiosteoporotic effects of *Lactobacillus*-fermented soy skim milk on bone mineral density and the microstructure of femoral bone in ovariectomized mice. J Agri Food Chem. (2011) 59: 7734-7742. (SCI)

19. Chin-Feng Liu, Kuo-Chuan Tseng, Shen-Shih Chiang, Bao-Hong Lee, Wei-Hsuan Hsu and Tzu-Ming Pan. Immunomodulatory and antioxidant potential of *Lactobacillus* exopolysaccharides. J. Sci. Food Agri. (2011) 91: 2284-2291. (SCI)

20. Chin Feng Liu and Tzu Ming Pan. Chapter 14. Beneficial Effects of Bioactive Peptides Derived from Soybean on Human Health and Their Production by Genetic Engineering. Soybean and Health. ISBN 978-953-307-535-8, edited by Hany El-Shemy. (2011) 312-328. (Book)

21. Yi-Ting Tung, Bao-Hong Lee, Chin-Feng Liu and Tzu-Ming Pan. Optimization of culture condition for ACEI and GABA production by lactic acid bacteria. J Food Sci. (2011) 76: M585-M591. (SCI)

22. Shen-Shih Chiang, Jiunn-Wang Liao and Tzu-Ming Pan. Effect of bioactive compounds in lactobacilli-fermented soy skim milk on femoral bone microstructure of aging mice. J Sci Food Agric (2012) 92: 328-335. (SCI)

23. Shen-Shih Chiang and Tzu-Ming Pan. Beneficial effects of *Lactobacillus paracasei* subsp. *paracasei* NTU 101 and its fermented products. Appl. Microb. & Biotech. (2012) 93: 903-916. (SCI)

24. Shen-Shih Chiang, Chin-Feng Liu, Kuo-Chuan Tseng, Jeng-Leun Mau & Tzu-Ming Pan. Immunomodulatory effects of dead *Lactobacillus* on murine splenocytes and macrophages. Food Agri Immun. (2012) 23: 183-202. (SCI)

25. Tsung-Yu Tsai, Ru-Yu Dai, Wen-Lin Tsai, Yu-Chiang Sun, and Tzu-Ming Pan. Effect of fermented milk produced by *Lactobacillus paracasei* subsp. *paracasei* NTU 101 on blood lipid. Taiwan. J Agric Chem and Food Sci. (2012) 50: 33-40. (in Chinese)

26. Yueh-Ting Tsai, Po-Ching Cheng & Tzu-Ming Pan. The immunomodulatory effects of lactic acid bacteria for improving immune functions and benefits. Appl. Microb. & Biotech. (2012) 93: 853-862. (SCI)

27. Chein-Pang Cheng, Shuo-Wen Tsai, Chihwei P Chiu, Tzu-Ming Pan and Tsung-Yu Tsai. The effect of probiotic-fermented soy milk on enhancing the NO-mediated vascular relaxation factors. J Sci Food Agric (2012) 93: 1219-1225. (SCI)

28. Yi-Ming Chen, Tsung-Wei Shih, Chihwei P. Chiu, Tzu-Ming Pan, Tsung-Yu Tsai. Effects of lactic acid bacteria-fermented soy milk on melanogenesis in B16F0 melanocytes. J Fun Food. (2013) 5: 395-405. (SCI)

29. Shen-Shih Chiang & Tzu-Ming Pan. Beneficial effects of phytoestrogens and their metabolites produced by intestinal

microflora on bone health. Appl Microb & Biotech. (2013) 97: 1489-1500. (SCI)

30. Bao-Hong Lee, Yi-Hsuan Lo, and Tzu-Ming Pan. Anti-obesity activity of *Lactobacillus* fermented soy milk products. J Fun Food. (2013) 5: 905-913. (SCI)

31. Yueh-Ting Tsai, Po-Ching Cheng and Tzu-Ming Pan. Anti-obesity effects of gut microbiota are associated with lactic acid bacteria. Appl Microb & Biotech. (2014) 94: 1-10. (SCI)

32. Tsung-Yu Tsai, Li-Ying Chen, Tzu-Ming Pan. Effect of probiotic-fermented genetically modified soy milk on hypercholesterolemia in hamsters. J Microb Immun Infect. (2014) 47: 1-8. (SCI)

33. Tzu-Hsing Lin, Tzu-Ming Pan. Inhibitory effect of *Lactobacillus paracasei* subsp. *paracasei* NTU 101 on rat dental caries. J Fun Food (2014) 10: 223–231. (SCI)

34. Wei-Ting Tseng, Tsung-Wei Shih, Shing-Hwa Liu, Tzu-Ming Pan. Safety and mutagenicity evaluation of Vigiis 101 powder made from *Lactobacillus paracasei* subsp. *paracasei* NTU 101. Regul Toxicol and Pharmacol. (2015) 71: 148-157. (SCI)

35. Tzu-Hsing Lin, Tzu-Ming Pan. Optimization of antimicrobial substances produced from *Lactobacillus paracasei* subsp. *paracasei* NTU 101 (DSM 28047) and *Lactobacillus* plantarum NTU 102 by response surface methodology. J Food Sci and Tech. (2015) 52: 6010–6016. (SCI)

36. Meng-Chun Cheng, Tsung-Yu Tsai, Tzu-Ming Pan. Anti-obesity activity of the water extract of *Lactobacillus paracasei* subsp. *paracasei* NTU 101 fermented soy milk products. Food Funct (2015) 6: 3522-3530. (SCI)

37. Wei-Hsuan Hsu, Bao-Hong Lee, Tzu-Ming Pan. Leptin-induced mitochondrial fusion mediates hepatic lipid accumulation. Int J

【附錄4】

Obes. (2015) 39: 1750–1756. (SCI)

38. Szu-Chi Hung, Wei-Ting Tseng, Tzu-Ming Pan. *Lactobacillus paracasei* subsp. *paracasei* NTU 101 ameliorates impaired glucose tolerance induced by a high-fat, high-fructose diet in Sprague-Dawley rats. J Fun Food (2016) 24: 472–481. (SCI)

39. Meng-Chun Cheng, Yann-Lii Leu, Tsung-Yu Tsai, Tzu-Ming Pan. Screening and identification of neuroprotective compounds produced by *Lactobacillus paracasei* subsp. *paracasei* NTU 101. J Fun Food (2016) 26: 238-248. (SCI)

40. Meng-Chun Cheng, Tzu-Ming Pan. Prevention of hypertension-induced vascular dementia by *Lactobacillus paracasei* subsp. *paracasei* NTU 101-fermented products. Pharm Biol. (2017) 55: 487-496. (SCI)

41. Chih-Hui Lin, Yu-Hsin Chen, Tsung-Yu Tsai, Tzu-Ming Pan. Effects of deep sea water and *Lactobacillus paracasei* subsp. *paracasei* NTU 101 on hypercholesterolemia hamsters gut microbiota. Appl Microb & Biotech. (2017) 101: 321-329. (SCI)

42. Meng-Chun Cheng, Tzu-Ming Pan. Glyceryl 1,3-dipalmitate produced from *Lactobacillus paracasei* subsp. *paracasei* NTU 101 inhibits oxygen-glucose deprivation and reperfusion-induced oxidative stress via upregulation of PPARγ in neuronal SH-SY5Y cells. J Agric Food Chem. (2017) 65: 7926-7933. (SCI)

43. Tzu-Hsing Lin, Chih-Hui Lin, Tzu-Ming Pan. The implication of probiotics in the prevention of dental caries. Appl. Microb. & Biotech. (2018) 102: 577-586. (SCI)

44. Te-Hua Liu, Tsung-Yu Tsai and Tzu-Ming Pan. The anti-periodontitis effects of ethanol extract prepared using *Lactobacillus paracasei* subsp. *paracasei* NTU 101. Nutrients (2018) 10: 472; doi:10.3390/nu10040472. (SCI)

【附錄4】益生菌相關研究報告

45. Chia-Yuan Chang, Tzu-Ming Pan. Anti-cancer and anti-migration effects of combinatorial treatment with 5-fluorouracil and *Lactobacillus paracasei* subsp. *paracasei* NTU 101-fermented skim milk extracts on colorectal cancer cells. J Agric Food Chem. (2018) 66: 5549-5555. (SCI)

46. Li-Chun Wang, Tzu-Ming Pan, Tsung-Yu Tsai. Lactic acid bacteria-fermented product of green tea and *Houttuynia cordata* leaves exerts antiadipogenic and anti-obesity effects. J Drug Food Anal. (2018) 26: 973-984. (SCI)

47. Chih-Hui Lin, Tsung-Wei Shih, Tzu-Ming Pan. A "Ct contrast"-based strain-specific real-time quantitative PCR system for *Lactobacilllus paracasei* subsp. *paracasei* NTU 101. J Microb Immun Infect. (2018) 51: 535-544. (SCI)

48. Te-Hua Liu, Tsung-Yu Tsai, Tzu-Ming Pan. Effects of ethanol extract from *Lactobacillus paracasei* subsp. *paracasei* NTU 101 fermented skim milk on lipopolysaccharide-induced periodontal inflammation in rats. Food & Function (2018) 9: 4916-4925. (SCI)

49. Chien-Li Chen, Pei-Yu Hsu, Tzu-Ming Pan. Therapeutic effects of *Lactobacillus paracasei* subsp. *paracasei* NTU 101 powder on dextran sulfate sodium-induced colitis in mice. J Drug Food Anal. (2019) 27: 83-92. (SCI)

50. Chia-Yuan Chang, Bing-Ying Ho, Tzu-Ming Pan. *Lactobacillus paracasei* subsp. *paracasei* NTU 101-fermented skim milk as an adjuvant to uracil-tegafur reduces tumor growth and improves chemotherapy side effects in an orthotopic mouse model of colorectal cancer. J Fun Food (2019) 55: 36-47. (SCI)

51. Te-Hua Liu, Tsung-Yu Tsai, Tzu-Ming Pan. Isolation and identification of anti-periodontitis ingredients in *Lactobacillus paracasei* subsp. *paracasei* NTU 101-fermented skim milk *in vitro*. J Fun Food (2019) 60: 103449. (SCI)

52. Tzu-Hsing Lin and Tzu-Ming Pan. Characterization of an antimicrobial substance produced by Lactobacillus plantarum NTU 102. J Microb Immun Infect. (2019) 52: 409-417. (SCI)

53. Chia-Yuan Chang, Tzu-Ming Pan. Identification of bioactive compounds in *Lactobacillus paracasei* subsp. *paracasei* NTU 101-fermented skim milk and their anti-cancer effect in combination with 5-fluorouracil on colorectal cancer cells. Food & Function (2019) 10: 7634-7644. (SCI)

54. Li Kao, Te-Hua Liu, Tsung-Yu Tsai, Tzu-Ming Pan. Beneficial effects of the commercial lactic acid bacteria product, Vigiis 101, on gastric mucosa and intestinal bacterial flora in rats. J Microb Immun Infect. (2020) 53: 266-273. (SCI)

55. Chien-Li Chen, Sih-Han Chao, Tzu-Ming Pan. *Lactobacillus paracasei* subsp. *paracasei* NTU 101 lyophilized powder improves loperamide-induced constipation in rats. Heliyon 6 (2020) e03804. (SCI)

56. Chien-Li Chen, Jyh-Ming Liou, Tsong-Ming Lu, Yi-Hsien Lin, Chin-Kun Wang, Tzu-Ming Pan. Effects of Vigiis 101-LAB on a healthy population's gut microflora, peristalsis, immunity, and anti-oxidative capacity: A randomized, double-blind, placebo-controlled clinical study. Heliyon 6 (2020) e04979. (SCI)

57. Bao-Hong Lee, Wei-Hsuan Hsu, You-Zuo Chen, Kung-Ting Hsu, and Tzu-Ming Pan. *Limosilactobacillus fermentum* SWP-AFFS02 improve the growth and survival rate of white shrimp via regulating immunity and intestinal microbiota. Fermentation (2021) 7: 179. (SCI)

58. Bao-Hong Lee, You-Zuo Chen, Tang-Long Shen, Tzu-Ming Pan, and Wei-Hsuan Hsu. Proteomic characterization of extracellular vesicles derived from lactic acid bacteria. Food Chemistry (2023) 427: 136685. (SCI)

【附錄4】益生菌相關研究報告

國際紅麴教父
臺灣大學農業化學所博士／生化科技學系名譽教授

潘子明──著

潘子明
紅麴健康
研究室

科學實證用紅麴逆轉 12 大慢性病
Red Mold Rice Health Laboratory

定價／ 500 元

紅麴具備藥用與食用雙重功能，被譽為發酵食品界的紅寶石，潘子明教授與其研究團隊傾注 20 餘年，日以繼夜產出了 138 篇研究論文刊登於全球知名的 SCI 期刊，證實紅麴的發酵產品 monascin 與 ankaflavin 具有調節血糖、血壓與血脂、改善肥胖、脂肪肝、運動疲勞，以及改善心血管疾病、阿茲海默症學習記憶能力、帕金森氏症狀等功效，具抗氧化功能，也對肺癌與口腔癌有預防效果，更排除了 monacolin K 成分可能造成的副作用。

本書分享作者畢生投入研發又經技轉後轉譯為生技產品的歷程，將研究紅麴的成果整理成科普書籍，讓國人對紅麴有多一層認識，進而運用它促進自身及家人健康。

Family 健康飲食 53

潘子明益生菌健康研究室

作　　者／潘子明
企畫選書／林小鈴
主　　編／潘玉女

行銷經理／王維君
業務經理／羅越華
總 編 輯／林小鈴
發 行 人／何飛鵬
出　　版／原水文化
　　　　　台北市民生東路二段 141 號 8 樓
　　　　　電話： (02) 2500-7008　傳真： (02) 2502-7676
　　　　　E-mail: H2O@cite.com.tw 部落格： http://citeh2o.pixnet.net/blog/
發　　行／英屬蓋曼群島商家庭傳媒股份有限公司城邦分公司
　　　　　台北市中山區民生東路二段 141 號 11 樓
　　　　　書虫客服服務專線： 02-25007718； 25007719
　　　　　24 小時傳真專線： 02-25001990； 25001991
　　　　　服務時間： 週一至週五上午 09:30 ～ 12:00； 下午 13:30 ～ 17:00
　　　　　讀者服務信箱： service@readingclub.com.tw
劃撥帳號／ 19863813； 戶名： 書虫股份有限公司
香港發行／城邦（香港）出版集團有限公司
　　　　　香港灣仔駱克道 193 號東超商業中心 1 樓
　　　　　電話: (852)2508-6231　傳真: (852)2578-9337
　　　　　電郵: hkcite@biznetvigator.com
馬新發行／城邦（馬新）出版集團
　　　　　41, Jalan Radin Anum, Bandar Baru Sri Petaling,
　　　　　57000 Kuala Lumpur, Malaysia.
　　　　　電話: (603) 90578822　傳真: (603) 90576622
　　　　　電郵: cite@cite.com.my

城邦讀書花園
www.cite.com.tw

美術設計／劉麗雪
內頁插畫／林敬庭（圖 8, 17, 31, 32, 46, 99, 100, 102, 103, 113, 125, 126, 127）
封面攝影／ Studio X 賢勤藝製有限公司（梁忠賢）
製版印刷／卡樂彩色製版印刷有限公司
初　　版／ 2023 年 8 月 3 日
定　　價／ 500 元（紙本） 350 元（電子書）

ISBN: 9786267268421(平裝)
ISBN: 9786267268513 (EPUB)

國家圖書館出版品預行編目資料

潘子明益生菌健康研究室 / 潘子明著 . -- 初版 . -- 臺北市
: 原水文化出版 : 英屬蓋曼群島商家庭傳媒股份有限公司
城邦分公司發行 , 2023.08
　　面 ；　公分 . -- (Family 健康飲食 ; 53)

ISBN 978-626-7268-42-1(平裝)

1.CST: 乳酸菌 2.CST: 健康法

369.417　　　　　　　　　　　　112009197